农业生产资料包装废弃物
综合利用管理

宋成军　张宏斌　任晓娜　主编

中国农业出版社
北　京

图书在版编目（CIP）数据

农业生产资料包装废弃物综合利用管理／宋成军，张宏斌，任晓娜主编. -- 北京：中国农业出版社，2024. 12. -- ISBN 978 - 7 - 109 - 33053 - 5

Ⅰ. X705

中国国家版本馆 CIP 数据核字第 2025LE1450 号

农业生产资料包装废弃物综合利用管理
NONGYE SHENGCHANZILIAO BAOZHUANG FEIQIWU ZONGHE LIYONG GUANLI

中国农业出版社出版

地址：北京市朝阳区麦子店街 18 号楼

邮编：100125

责任编辑：廖　宁

版式设计：杨　婧　　责任校对：吴丽婷

印刷：中农印务有限公司

版次：2024 年 12 月第 1 版

印次：2024 年 12 月北京第 1 次印刷

发行：新华书店北京发行所

开本：700mm×1000mm　1/16

印张：8.75

字数：130 千字

定价：68.00 元

前　言

　　做好农业生产资料包装废弃物源头减量、规范回收处置，对保护生态环境、保障公众健康、促进社会经济可持续发展具有重要意义。近年来，我国政府把农业生产资料包装废弃物安全回收利用作为农业清洁生产、农业绿色发展、乡村生态宜居的重要抓手，将农业投入品包装废弃物回收处理纳入《中华人民共和国土壤污染防治法》，对农药和肥料包装废弃物分别制定出台回收处理指导意见和管理办法，修订通过《农药管理条例》和《兽药管理条例》，发布实施《农业废弃物资源化利用　农业生产资料包装废弃物处置和回收利用》国家标准，在全国 100 个县开展肥料包装废弃物回收处理试点。各地因地制宜积极探索安全回收利用新模式，2023 年全国农药包装废弃物回收率达到 78.9%，农业生产资料包装废弃物安全回收利用取得明显成效。

　　我国是农业大国，也是农业生产资料生产、销售大国。农业生产资料包装废弃物种类多、覆盖广、分布散，安全回收利用难度大。为了促进管理人员、技术人员及广大农民等了解农业生产资料包装废弃物无害化处理和资源化利用相关基础知识、政策规定和技术措施，提升其农业生产资料包装废弃物安全回收利用意识，我们组织编写了本书。本书将农业生产资料包装废弃物分为农药、肥料与土壤调理剂、饲料及饲料添加剂、兽药 4 大类，系统梳理了相关基本知识、法律法规与政策、工作举措及面临问题，解读了农业生产资料包装废弃物标准化建设过程，提出了农业生产资料包装废弃物综合利用管理对策建议。在为农业废弃物综合利用工作人员提供学习参考的同时，也希望向广大社会公众宣传普及农业生产资料包装废弃物安全处置使用的基础知识和相关政策。

　　由于农业生产资料包装废弃物综合利用涉及的专业、行业领域广，我国农业生产经营主体类型多样，各地管理措施模式各异，书中内容难以面面俱到，加之编者水平有限，不足之处在所难免，敬请读者批评指正。

编　者

2024 年 9 月

目 录

前言

第一章

我国农业生产资料包装废弃物概况

第一节　农业生产资料概述

农业生产资料指的是农业生产所需投入的物质资料，通常包括肥料、农药、农膜、种子、饲料、兽药、农机具及配件等，是现代农业生产的基本生产资料，是进行农业生产的物质要素。我国是农业大国，也是农药、肥料、饲料、兽药、农膜、种子的生产大国和使用大国，农业生产资料的需求持续提升。

一、我国农药使用情况

1990—2014 年，我国农药使用处于增长阶段，2014 年使用量达到高峰值，使用农药商品量为 180.77 万吨，2015 年，农业部提出农药化肥使用零增长行动，之后我国农药需求稳中有降。2000—2022 年，我国农药年使用量从 128.0 万吨降至 119.0 万吨，降低了 7.6％，年均降低 0.3％（图 1-1）。

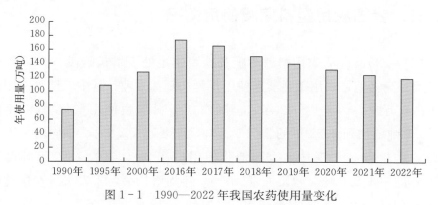

图 1-1　1990—2022 年我国农药使用量变化

二、我国肥料使用情况

1990—2015 年，农用化肥使用处于增长阶段。2000 年全国农用化肥施用量（折纯量）达到 4 146.4 万吨，2015 年使用量达到高峰值，使用量（折纯量）为 6 022.6 万吨。2015 年之后呈现下降趋势，到 2022 年为 5 079.2 万吨，但相较于 2000 年依然增长了 22.5%。2000—2020 年的年均增长率为 0.96%（图 1-2）。

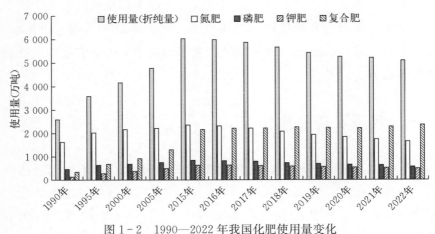

图 1-2 1990—2022 年我国化肥使用量变化

三、我国农用塑料薄膜使用情况

1990—2016 年，农用塑料薄膜及地膜使用处于增长阶段。2016 年使用量达到高峰值，农用塑料薄膜使用量为 260.3 万吨，其中，地膜使用量为 147.0 万吨。2000—2022 年，全国农用塑料薄膜使用量从 2000 年的 133.5 万吨增加到 2022 年的 237.5 万吨，增长了 77.9%，年均增长率为 3.39%（图 1-3）。其中，全国地膜使用量从 2000 年的 72.2 万吨增至 2022 年的 134.2 万吨，增长了 85.87%，年均增长率为 3.73%。全国地膜覆盖面积从 2000 年的 1.6 亿亩* 增加到 2022 年的 2.6 亿亩，增长了 62.5%，年均增长率为 2.5%。

---

　* 亩为非法定计量单位，1 亩≈667 米²。

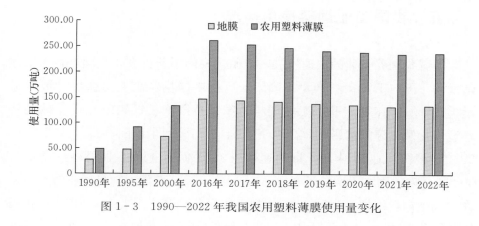

图 1-3　1990—2022 年我国农用塑料薄膜使用量变化

四、我国农作物种子使用情况

自 2000 年《中华人民共和国种子法》实施以来，我国种子行业进入市场化发展阶段，种子经营企业数量和种子供给量迅速增长。2012 年我国种子产量仅为 1 650 万吨，到 2020 年增长至 2 058 万吨（图 1-4）。种子行业整体市场规模呈增长态势，2012 年国内种子行业市场规模为 1 038 亿元，到 2022 年种子行业市场规模达到了 1 332 亿元。

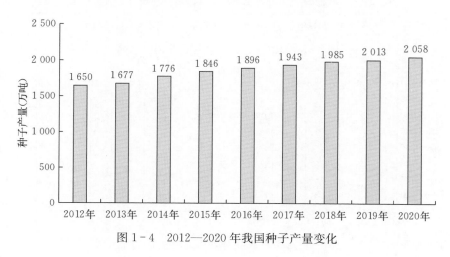

图 1-4　2012—2020 年我国种子产量变化

五、我国工业饲料使用情况

随着我国养殖业的快速发展，养殖规模的不断扩大，我国饲料需求逐渐增加，国内工业饲料产量不断增长。据中国饲料工业协会统计数据显示，2016—2018 年，我国工业饲料总产量持续增长；2019 年受全球经济环境变化及猪瘟疫情影响，全国工业饲料总产量同比下降 3.7%；2020—2022 年我国工业饲料总产量快速回升，2022 年全国工业饲料总产量为 30 223 万吨，比上年增长了 3.0%（图 1-5）。随着我国饲料行业的不断发展，我国饲料添加剂产量 2016—2021 年呈现稳步上升趋势，2016 年我国饲料添加剂产量为 976 万吨，2022 年我国饲料添加剂产量 1 469 万吨（图 1-6）。

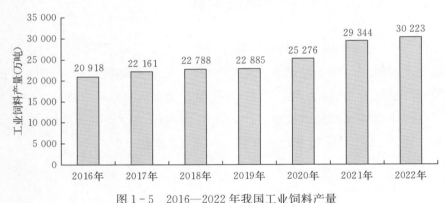

图 1-5　2016—2022 年我国工业饲料产量

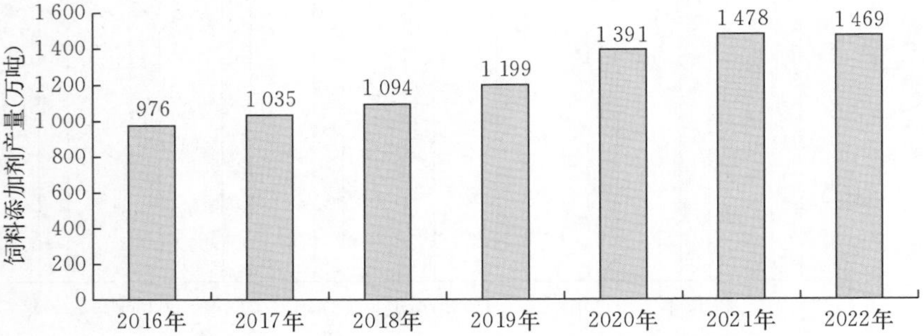

图 1-6　2016—2022 年我国饲料添加剂产量

六、我国兽药使用情况

2020 年，中国境内使用的兽用抗菌药总量为 32 776.298 吨，其中中国境内兽药企业生产销售 32 543.541 吨，占比 99.29%，进口总量 232.757 吨，占比 0.71%。中国境内使用的兽用抗菌药品种共 68 种，中国境内生产的兽用抗菌药 65 种，进口兽用抗菌药 13 种。中国境内使用兽用抗菌药制剂种类共 216 种，中国境内生产的制剂 208 种，进口制剂 23 种。详见表 1-1。

表 1-1 2020 年我国境内使用兽用抗菌药及制剂种类数量

类别	境内生产		进口		境内使用	
	药物种类（种）	制剂种类（种）	药物种类（种）	制剂种类（种）	药物种类（种）	制剂种类（种）
磺胺类及增效剂	11	46	0	0	11	46
β-内酰胺类及抑制剂	11	31	4	12	11	36
氟喹诺酮类	11	35	1	2	11	35
氨基糖苷类	8	22	1	1	8	23
大环内酯类	7	20	3	3	8	21
四环素类	4	18	1	1	4	18
多肽类	4	11	0	0	4	11
喹噁啉类	3	4	0	0	3	4
酰胺醇类	2	13	1	2	2	13
截短侧耳素类	2	3	1	2	2	3
多糖类	1	2	1	1	2	3
林克胺类	1	8	0	0	1	8
安沙霉素类	1	1	0	0	1	1
合计	65	208	13	23	68	216

以 2014 年以来的统计数据为基础，分别进行分析，兽用抗菌药的使用量总体呈下降趋势（表 1-2）。2021 年，兽用抗菌药使用量仅比 2020 年

降低了 0.7%，比 2019 年增加了 5.3%（表 1-2）。自 2014 年以来，中国每吨动物产品兽用抗菌药使用量整体呈下降趋势，2019 年略有反弹（160 克/吨），2021 年为 151.0 克/吨，与 2017 年欧盟数据相比，仅低于塞浦路斯、西班牙等几个国家。

表 1-2　2014—2021 年我国兽用抗菌药使用量变化

项目	2014 年	2015 年	2016 年	2017 年	2018 年	2019 年	2020 年	2021 年
总使用量（吨）	69 292.5	52 118.7	44 185.8	41 967.0	29 774.1	30 903.7	32 776.3	32 538.0
比上一年（%）	—	−24.8	−15.2	−5.0	−29.1	3.8	6.1	−0.7
比 2014 年（%）		−24.8	−36.2	−39.4	−57.0	−55.4	−52.7	−53.0

从我国各类兽用抗菌药物使用量及占比来看，四环素类、磺胺类及增效剂和 β-内酰胺类及抑制剂使用量较高，使用量排名前三位的依次为：四环素类，10 002.73 吨，占比 30.52%；磺胺类及增效剂，4 287.88 吨，占比 13.08%；β-内酰胺类及抑制剂，4 112.63 吨，占比 12.55%。使用量最少的是安沙霉素类（0.13 吨）。详见表 1-3。

表 1-3　2020 年我国境内兽用抗菌药使用量

抗菌药物	国产销量（吨）	进口销量（吨）	出口销量（吨）	使用量（吨）	占使用总量比例（%）
四环素类	12 983.24	4.63	2 985.17	10 002.73	30.51
磺胺类及增效剂	4 303.68	0.00	15.81	4 287.88	13.07
β-内酰胺类及抑制剂	4 098.08	15.86	1.31	4 112.63	12.55
氟喹诺酮类	3 522.43	11.91	15.48	3 518.86	10.74
大环内酯类	3 181.74	98.54	13.97	3 266.31	9.97
氨基糖苷类	2 257.58	0.05	74.36	2 183.26	6.66
多肽类	3 690.77	0.00	1 754.69	1 936.07	5.91
截短侧耳素类	1 685.99	98.16	153.17	1 630.99	4.98
氟喹诺酮类	967.60	0.54	1.56	966.58	2.95
林克胺类	821.55	0.00	129.12	692.43	2.11

（续）

抗菌药物	国产销量 （吨）	进口销量 （吨）	出口销量 （吨）	使用量 （吨）	占使用总量 比例（%）
喹噁啉类	149.95	0.00	0.50	149.45	0.46
多糖类	59.32	3.04	33.37	28.98	0.09
安沙霉素类	0.13	0.00	0.00	0.13	0.00
合计	37 722.05	232.73	5 178.51	32 776.30	100

第二节　农业生产资料包装废弃物概述

农业生产资料包装废弃物是指使用后被废弃的与农业生产资料直接接触，或含有内容物残余的固体包装容器、材料或成分，包括瓶、罐、桶、袋等，如废弃肥料包装、废弃农药包装等（图1-7）。

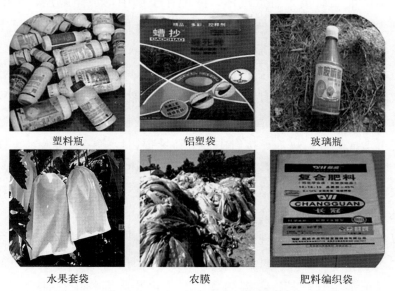

塑料瓶	铝塑袋	玻璃瓶
水果套袋	农膜	肥料编织袋

图1-7　不同种类和材质的农业生产资料包装废弃物

我国农业生产资料包装废弃物种类多样，产生量巨大。在种植业领域，目前问题最为突出的是肥料包装废弃物、农药包装废弃物。据不完全统计，我国农业生产每年产生的化肥包装物超过 10 亿件，农药包装物超过 100 亿件。此外，2020 年我国种子产量 2 058.4 万吨，如果以 5 千克作为种子包装规格，我国种子包装物约 41.2 亿件。在养殖业，饲料使用量大幅上升，2022 年我国工业饲料总产量已高达 30 223 万吨，饲料添加剂总产量达到 1 469 万吨，如果以 50 千克作为包装规格，我国饲料包装超过 60.4 亿件，添加剂包装约 2.94 亿件。

第三节　农业生产资料包装废弃物危害

农药、肥料、兽药等包装废弃物以塑料材质为主，这类材料在自然环境中难以降解，散落于田间、道路、水体、沟渠等环境中，侵占大量土地，破坏地貌和植被，随意扔弃的单个包装具有分散性和隐蔽性，且连片出现时容易造成"视觉污染"，更不利于生态宜居的乡村建设；如果简单焚烧又会产生二噁英等有毒气体；掩埋在土壤中形成阻隔层，影响植物根系的生长扩展，阻碍植株对土壤养分和水分的吸收，导致田间作物减产；在耕作土壤中影响农机具的作业质量，进入水体造成沟渠堵塞。塑料农药包装废弃物具有稳定性、不透过性、防渗漏性等，不利于自然降解，会造成塑料污染问题；现有农药包装不乏玻璃瓶，破碎的玻璃片容易划破牲畜及人体皮肤，对身体造成直接伤害；某些特殊材质包装废弃物的丢弃，还可造成燃烧、爆炸、接触中毒等特殊损害，直接威胁人类、牲畜和野生动物生命健康。另外，残留农药随包装物还会对土壤、地表水、地下水和农产品等造成直接污染，严重危害农村生态环境，对环境生物和人类健康都具有长期的和潜在的危害。

以农药为例，首先，现有农药包装多为塑料包装，其化学组成多为高密度聚乙烯等高分子有机材料，难以降解，长期堆积在土壤中会使得植物根系难以正常生长。其次，据测算，农药包装废弃物中往往含有 2%～5%农药的残液，农药包装废弃物内农药残存量平均为 0.07 克/个，过期或残留在农药瓶中的农药如不经处理处置，会直接污染土壤、大气、地表水、地下水等。

我国农业生产资料包装废弃物的回收和资源化利用仍处于初级阶段。目前，农业生产资料包装废弃物回收利用和处理处置体系尚不完善，缺乏系统性标准体系的支撑，尤其是农业生产资料包装废弃物的前端不能有效分类的情况下，收集的农业生产资料包装废弃物往往直接以填埋或焚烧的方式进行处理，不能实现农业生产资料包装废弃物的高效回收和资源化利用，这不仅浪费资源，还产生了大量有害物质及温室气体。

随着循环经济理念不断深入人心，以及我国提出的 2030 年实现碳达峰、2060 年实现碳中和目标的要求，农业生产资料包装应更加注重能否先进行回收和资源化利用而并非直接进行末端处置。在粮食安全的压力下，为了保证粮食产量，农业生产资料的投入无法避免，农业生产资料包装废弃物产生量一直增加，产生更严重的资源浪费和环境污染。而对农业生产资料包装废弃物进行回收和资源化利用，可以做到"清存量、遏增量"，实现循环经济理念。

第四节　农业生产资料包装废弃物综合利用面临的问题

农业生产资料包装废弃物的回收处理势在必行，但工作开展难度大，其回收利用工作及标准化工作中存在的问题主要如下。

一、设计环节：农业生产资料包装被过度使用

我国农户的农田面积较小，病虫害防治大都以一家一户分散防治为主，这就造成了农业生产资料生产企业采用小包装进行农资生产，也对农业生产资料包装废弃物产生数量有着直接的影响。另外，我国农业生产资料包装规格不统一，增加了后续的处理难度。例如，据《中国农资》记者调查和回收工作者反映，我国农药包装废弃物以 10 克和 10 毫升以下的包装规格为主，这种农药小包装既产生了更多的农药包装废弃物，也增加了回收处理环节的难度和工作量。

二、回收环节：分类收集进展缓慢

农业生产资料根据本身的理化性质而选用不同的包装材质，常见的主要有玻璃、塑料、铝箔、纸等，除纸外，其他物质在自然条件下不易分解。我国包装农药的玻璃瓶约占 25％，铝箔袋约占 30％，塑料瓶（袋）约占 45％（主要包括聚乙烯 PE 瓶、聚酯 PET 瓶和多层复合高阻隔瓶等）。截至 2021 年 4 月 8 日，我国肥料登记总数达 24 007 个，其中，粉剂形态肥料总数为 11 169 个，水剂形态肥料登记数量为 7 946 个，颗粒形态肥料登记数量为 3 105 个，液体形态肥料登记数量为 1 785 个，柱形、片状颗粒形态肥料登记数量均为 1 个。农业生产资料包装废弃物种类繁多，目前国家层面尚未开展分类回收。

三、处置环节：配套设施仍需完善

由于农药、兽药等的特殊性，需要专业的设备进行处置，技术要求较高，一般个人、专业组织或企业难以做到无害化处理，需要专业的有资质的企业进行处置。目前这类专业化处理企业数量较少，不适应全面建立农业生产资料包装废弃物回收处置网络体系要求。另外，农业生产资料包装废弃物的管理涉及回收、运输、仓储、无害化处理等多个环节，都需要有专门的设施和人员，否则很容易导致二次污染，而这方面的人员和设施都比较缺乏。

四、管理环节：法律法规和标准出台滞后

我国法律法规和强制性标准中都没有对农业生产资料包装废弃物的回收利用进行统一规范，《农药管理条例》《农药包装废弃物管理办法》对废弃农药包装的管理规定较为笼统，规章制度多为原则性条款，比较笼统，对回收、处理没有具体的实施细则和具体要求，缺乏可操作性。从全国来

看，农业生产资料包装废弃物回收、储存、运输、无害化处置和资源化利用的技术规范尚在起步阶段，技术指导性强、行业实操性强的标准规范严重不足，农业生产资料包装废弃物处置工作也并未纳入政府绩效考核工作范围，不能满足包装废弃物管理的实际需要。

五、责任主体：回收参与度不够

农业农村部办公厅《关于肥料包装废弃物回收处理的指导意见》等文件明确提出，鼓励供销合作社、农业生产服务组织、肥料生产企业、再生资源企业等开展包装废弃物回收处理工作。全国供销合作社系统作为农资供应"主力军"，一直以来都承担着服务"三农"的重要职责，但目前将重点更多地放在农资产销环节，对农资包装废弃物回收处置工作参与度还不够。此外，农业生产资料使用主体（农户）经营分散，个别使用者、经营者对农业生产资料包装废弃物环境危害认识不足，随意存放农药、兽药包装废弃物的现象仍然存在，包装废弃物即使处理，也仅仅是集中自行焚烧或者填埋处理，尚未充分考虑环保问题。

第二章

国外农业生产资料
包装废弃物综合
利用管理进展

受经济发展影响，国外农业生产资料包装废弃物综合利用管理起步较早。从国际经验看，不同国家由于国情不同，在立法、包装物分类、回收处置模式和费用承担机制等方面各不相同，可给我国开展农业生产资料包装废弃物回收处理工作提供借鉴。以欧洲为例，1945 年以来欧洲共同体投入了大量农药生产资料恢复农业生产，这种资源消耗型发展方式虽然短期内大幅提升了农产品生产效率，但也由此引发农田土壤退化、乡村环境污染、生物多样性丧失等问题，迫使乡村建设绿色转型。欧盟在推进农药包装废弃物管理过程中构建起"政府规制-行业协会主导"的协同治理机制，不同国家农药包装废弃物等农业生产资料包装废弃物的技术模式、管理体制和工作举措也各有不同，为我国提供了经验借鉴。

第一节　利用方式

世界上很多国家和地区，如比利时、卢森堡、法国、德国、英国、荷兰、加拿大、美国、澳大利亚、新西兰、韩国、巴西、智利、秘鲁、南非等都将按规范清洗后的农药、兽药包装物按照一般废弃物进行管理。匈牙利、波兰、西班牙、俄罗斯、阿根廷、墨西哥、印度、马来西亚、菲律宾等国家将农药、兽药包装物归类为危险废弃物，但不同国家在收集、储存、运输、处置等方面对危险废弃物的管理要求不尽相同。在收集、处置环节中，多数国家并不要求有危险废弃物经营资质的机构来回收处理农药包装物，极个别国家（如荷兰）将无法清洗的包装物按照危险废弃物管理。有的国家有专门的法律要求，有的国家则按照自愿原则管理（表 2-1），在一些国家，2 种情况均存在。

表 2-1　不同国家农药包装废弃物管理法规要求

区域	法定要求	自愿原则
欧洲	德国、匈牙利、波兰、荷兰、西班牙、俄罗斯	比利时、法国、意大利、英国
北美洲	加拿大（2 个省）	美国、加拿大（8 个省）、墨西哥
南美洲	巴西	阿根廷、智利、秘鲁

（续）

区域	法定要求	自愿原则
亚洲	日本、韩国、菲律宾、中国	印度、马来西亚
大洋洲	澳大利亚	新西兰

第二节　法律法规与政策

各国农药、肥料使用情况不同，农药、肥料包装废弃物的回收和处理处置方式也不同。为控制农药包装废弃物环境污染危害，目前发达国家均制定了较为完备的相关法律法规，如德国有专门的《包装废弃物管理条例》，日本则制定了《包装容器再生利用法》，美国许多州实行回收押金制度，在农药包装物的生产、使用、回收及安全处置环节对农药的生产者、销售者和使用者均作出了明确的要求，促进农药废弃包装物的回收和处理。许多亚洲和非洲国家，目前也均已着手制定农药废弃物的相关环境管理法规，开展农药废弃包装物污染的管理工作。欧洲很多国家，如英国、法国、意大利等都颁布了相关的农用废弃物处置法，例如，废物框架指令（2008/98/EC）、垃圾填埋指令（1999/31/EC）、包装和包装废物指令（94/62/EC）等。欧盟通过第六个框架计划建立了农用塑料标记协会（Label agriwaste），该组织的主要目标是制定欧洲农用塑料废物标签制度，使其成为商品。

第三节　工作举措

初步统计，全球有 61 个国家开展了农药包装废弃物回收处理项目（表 2-2）。从国外经验看，较为普遍的做法是，由农药包装物回收处置项目的组织者在全国设置收集点，有些收集点依托经销商建立。农民将充分清洗后的农药包装物定期交到收集点，收集点与第三方机构签订协议，由第三方机构负责运输处置，开展再利用或焚烧处理等。

表 2-2 开展农药包装废弃物回收处理（含试点项目）的国家

区域	国家
欧洲	德国、法国、爱尔兰、匈牙利、奥地利、波兰、荷兰、西班牙、俄罗斯、克罗地亚、塞尔维亚、塞浦路斯、斯洛伐克、斯洛文尼亚、意大利、比利时、保加利亚、立陶宛、瑞士、卢森堡、瑞典、葡萄牙、希腊、罗马尼亚，共计 24 个国家
北美洲	美国、加拿大、多米尼加、洪都拉斯、尼加拉瓜、萨尔瓦多、哥斯达黎加、危地马拉、墨西哥、巴拿马，共计 10 个国家
南美洲	巴西、阿根廷、委内瑞拉、厄瓜多尔、玻利维亚、巴拉圭、秘鲁、智利、哥伦比亚、乌拉圭，共计 10 个国家
亚洲	日本、韩国、菲律宾、中国、印度、马来西亚，共计 6 个国家
非洲	南非、纳米比亚、马达加斯加、赞比亚、肯尼亚、埃塞俄比亚、斯里兰卡、加纳、毛里求斯，共计 9 个国家
大洋洲	澳大利亚、新西兰，共计 2 个国家

在德国，主张生产者责任制，并强调标识制度的重要性。按照循环经济要求，德国的生产商在产品设计与开发、制造、加工环节，销售商在销售环节都应采取有利于资源节约、废物减量化、废物回收和再利用以及进行无害化处理的措施。在产品上要加标注，说明产品回收利用的途径、方法和责任人；对含有害物质的产品进行标注，以确保对使用后产生的废物进行环境友好型再利用和处理；用标签说明有关的回收方法、重复利用途径和义务、押金规定等。同时为了配合《包装法令》的实施，解决仅仅靠政府力量进行包装废弃物处理造成的巨大财政负担，德国政府鼓励私人资本参与建立回收系统，与政府环卫系统一起构成"双轨制"包装废弃物回收系统。在政府的鼓励下，第一家德国私人资本 DSD 回收公司成立。为了防止 DSD 回收公司垄断，导致包装废弃物回收的效率降低，德国政府又批准了另外的 8 家公司一起参与"双轨制"回收系统。

在新西兰，全国范围内组织开展 Agrecovery 项目，该项目由农作物保护产品和兽药产品制造商提供支持，并由代表制造商、行业团体和受当地政府管理委员会负责监督。收集点设立在遍布新西兰的众多农村零售网点，并与当地政府合作。对于大型的包装废弃物，可以安排在农户的场地进行一次性包装废弃物临时接收。农户将包装废弃物经 3 次清洗后送到收集点。废弃物收集承包商负责包装废弃物的接收、粉碎和运输。

大部分国家都将充分清洗后的农药包装物进行再利用，用于制作灌溉水管、垃圾箱、电缆线管、井盖等产品，对于无法清洗或清洗不彻底的农药包装物则采取焚烧并回收能源的方式处理。如在法国，约 80％的硬质塑料农药包装废弃物由特许回收商进行回收利用。废弃物材料的可追溯性和最终应用的控制通过专门的合同安排和对承包商的定期审查来保证，最终应用产品包括塑料管、工艺管道等。不可回收利用部分，约占收集废弃物的 20％，如盖子、软包装等，则采取焚烧并回收能源的方式进行处理。

从各国农药包装物回收处理的实践看，充分清洗后的塑料包装有 30 多种再利用的方式，充分清洗后的玻璃包装按一般废物回收利用，铝箔包装多采取焚烧处理的方式。危险废弃物的储存、运输、处置费用是一般废弃物的 3 倍以上。日本成立了农用塑料回收处理促进委员会，并在全国 47 个都道府县设立了促进委员会分会，对全国的农用塑料回收处理进行全面的管理与宣传引导。促进会对农膜制造商、销售机构、回收处理机构的职责和义务都进行了详细的规定，形成了农民-政府-制造商-回收机构共同合作处理的体系。

第三章

农药包装
废弃物安全
处置回收

农药包装废弃物应依据《农药包装废弃物回收处理管理办法》收集、运输、储存，或在有技术条件的单位进行资源化利用，或进入生活垃圾填埋场填埋，或进入生活垃圾焚烧厂焚烧。

第一节　农药包装废弃物分布

由《中国统计年鉴2023》各地2022年农药使用量、农用地面积等数据，可以计算出单位农用地（耕地、农田、林地等）年农药使用量，按平均50克农药需要1个农药包装袋，可以估算出各省单位农用地农药包装物产生数量（图3-1），全国每个省份亩均农药使用量为3.84千克/亩，每个省亩均农药包装废弃物数量为16.78个/亩，每个省农药包装废弃物总数平均达到7.67亿个。区域农用地农药包装物产生数量从多到少排序为：华东地区（247.71亿个）＞华南地区（134.93亿个）＞华中地区（107.66亿个）＞西南地区（75.41亿个）＞西北地区（45.03亿个）＞东北地区（28.20亿个）＞华北地区（20.60亿个）。

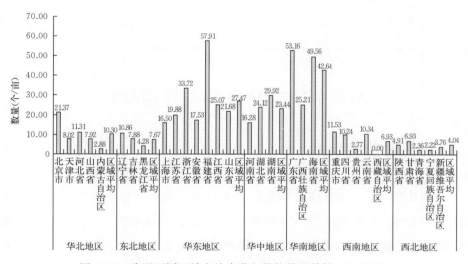

图3-1　我国不同区域亩均农药包装物数量估算（2022年）

第二节 农药包装废弃物材质

从目前市场主流产品包装来看，主要分为农药包装瓶和农药包装袋两大类，其中农药包装瓶按材质又可分为 PE 塑料瓶（聚乙烯塑料瓶）、PET 塑料瓶（聚酯塑料瓶）、Co‐ex 高阻隔复合物瓶和玻璃瓶这 4 大类；农药包装袋主要以铝箔袋为主（表 3‐1）。近些年来，随着科技的发展以及人们对生态环境的重视程度不断增强，许多新型环保材料不断进入农药包装领域。

表 3‐1 农药包装物材质情况

包装物材质	调查企业数（个）	占企业生产总量比例（%）
PE 塑料	61	74.4
PET 塑料	64	78.0
Co‐ex 高阻隔复合物	60	73.2
玻璃瓶	5	6.1
铝箔袋	62	75.6
新型环保材料	22	26.8
其他材料	24	29.3

第三节 农药包装废弃物规格

一、农药包装瓶

中国农药工业协会联合相关科研单位主要调查了以上 4 大类材质的不同包装规格农药包装瓶的生产数量，从农药瓶规格来看，50～100 毫升规格市场规模最大，占比 28.41%，其次分别为 300～500 毫升和 150～200 毫升规格，分别占比 14.18% 和 12.41%。从农药瓶材质来看，PET 塑料市场规模最大，占比 42.41%，占近一半的市场规模；其次分别为 PE 塑料和 Co‐ex 高阻隔复合物，分别占比 28.61％和 26.14％，这两种材质的市场规模相差不大；玻璃使用最少，占比 2.84％（表 3‐2）。

表 3‐2　农药包装瓶规格与材质统计

规格	数量（万个）					占生产总量比例（％）
	PET 塑料瓶	PE 塑料瓶	Co‐ex 高阻隔复合物瓶	玻璃瓶	合计	
≤50 毫升	4 005	2 524	2 304	2	8 835	10.06
50～100 毫升	8 261	8 502	8 179	15	24 957	28.41
100～150 毫升	4 627	978	1 831	2	7 438	8.47
150～200 毫升	5 218	2 245	3 429	7	10 899	12.41
200～250 毫升	2 339	3 043	2 454	2	7 838	8.92
250～300 毫升	4 552	950	298	947	6 747	7.68
300～500 毫升	3 810	4 077	3 058	1 512	12 457	14.18
500～1 000 毫升	4 343	2 264	1 336	7	7 950	9.05
>1 000 毫升	93	550	69	1	713	0.81
合计	37 248	25 133	22 958	2 495	87 834	100.00
占比	28.61	42.41	2.84	26.14	100.00	

二、农药包装袋

目前，农药包装袋以铝箔袋材质为主，且大部分为小包装。袋装农药产品在设计生产过程中，规格划分以重量和体积这两种方式为主。根据市面上常用的包装袋规格进行调查统计，以重量计，农药重量 3～10 克的包装袋使用最多，为 16 637 万个，占比 28.70％；其次分别为 10～15 克和 15～20 克，占比分别为 18.37％和 17.92％。以体积计，容量在 10 毫升以下的包装袋使用最多，为 7 051 万个，占比 39.95％，其次分别为 10～15 毫升和 15～20 毫升规格，占比分别为 25.12％和 19.67％（表 3‐3）。

表3-3 农药包装袋规格与材质情况

规格/重量（克）	使用量（万个）	占比（%）	规格/体积（毫升）	使用量（万个）	占比（%）
≤3	2 752	4.75	≤10	7 051	39.95
3～10	16 637	28.70	10～15	4 434	25.12
10～15	10 645	18.37	15～20	3 472	19.67
15～20	10 389	17.92	20～30	2 403	13.61
20～25	6 420	11.08	>30	290	1.64
25～50	3 660	6.31	—	—	
50～100	4 627	7.98	—	—	
>100	2 832	4.89	—	—	
小计	57 962	100.00	小计	17 650	100.00

第四节　农药包装废弃物毒性

一、农药制剂产品的毒性分析

截至2024年10月31日，我国登记农药有效成分747个（不含出口）、产品47 127个，其中，大田用药44 171个、卫生用农药2 956个；除草剂12 980个，杀虫剂19 962个，杀菌剂11 976个，植物生长调节剂1 729个，卫生用农药及其他480个。微毒/低毒农药成为我国农药登记的主流。微毒/低毒农药的占比由2013年的78.3%，提升至2023年的86.2%，2024年新登记农药均为微毒或低毒农药。

二、农药制剂产品类型及控制指标分析

占比70%以上的固体和液体剂型都被规定了严格的倾倒性控制指

标，占比约25％的悬浮体系制剂倾倒性也控制在5％以下，农药包装废弃物中残余农药总量可控。农药产品对应的不同剂型登记产品占比分别为，乳油28.31％，可湿性粉剂20.69％，悬浮剂19.82％，可溶液剂8.68％，水分散粒剂6.39％，可分散油悬浮剂3.71％，水乳剂3.62％，微乳剂3.48％，颗粒剂2.50％，可溶粉剂和粉剂2.52％，累计占比达到99.72％。

根据产品登记技术指标要求，颗粒状制剂需要具有一定的粒度和流动性，并规定粉尘不得大于0.5％（FAO规定基本无粉尘）；可湿性粉剂要求具有一定的流动性和润湿分散性，可以在使用中具有很好的倾倒性；悬浮剂等黏稠液体制剂要求规定黏度和倾倒性指标（不大于5％），乳油等溶液型液体制剂因流动和倾倒性好而不做规定，但都规定了兑水分散性和乳液稳定性或稀释稳定性。

三、农药包装类型及控制指标分析

随着统防统治、统配统施等规模化及飞防化发展，可回收利用的大包装逐渐成为农药包装发展趋势，整体包装废弃物数量将逐步减少。

四、农药包装废弃物残存农药量分析

中国农药工业协会基于我国农药使用生产实际，针对不同的农药剂型和包装物，进行典型农药制剂类型及相应包装物使用后农药残余物定量方法研究与检测。结果表明：一是可分散油悬浮剂、悬浮剂、水乳剂、乳油、水剂5种农药典型液体剂型，如采用聚酯塑料瓶包装，一次倾倒后包装物中的平均残余农药量分别为3.62％、3.38％、1.87％、1.02％、1.81％；如采用铝箔袋包装，悬浮剂、乳油、微乳剂一次倾倒后包装物中的平均残余农药量分别为1.91％、3.22％、1.88％。二是可湿性粉剂、水分散粒剂2种农药典型固体剂型，一次倾倒后在（200毫升铝箔）袋包装物中的平均残余农药量分别为0.31％、0.05％。三是如果采用水洗，清洗 1 次后即可使包装物中的农药残余物降低到 0.05％以下，清洗 3 次则达不能检出（0.000 5％以下）水平。按《危险废物鉴别标准　毒性物质含量鉴别》（GB 5085.6—2007）规定，有毒物质（大多数中低毒性农药）应低于 3％，剧毒物质（极少数高毒农药）应低于 0.1％。

第五节　农药包装废弃物处置方式

一、回收

1. 生产者、经营者回收

农药生产者、经营者应当按照"谁生产、经营，谁回收"的原则，履行相应的农药包装废弃物回收义务。农药生产者、经营者可以协商确定农药包装废弃物回收义务的具体履行方式。农药经营者应当在其经营场所设立农药包装废弃物回收装置，不得拒收其销售农药的包装废弃物。农药生产者、经营者应当采取有效措施，引导农药使用者及时交回农药包装废弃物。

2. 使用者回收

农药使用者应当及时收集农药包装废弃物并交回农药经营者或农药包装废弃物回收站（点），不得随意丢弃。农药使用者在使用过程中，配药时应当通过清洗等方式充分利用包装物中的农药，减少残留农药。鼓励有条件的地方，探索建立检查员等农药包装废弃物清洗审验机制。

3. 建立台账

农药经营者和农药包装废弃物回收站（点）应当建立农药包装废弃物回收台账，记录农药包装废弃物的数量和去向信息。回收台账应当保存两年以上。农药生产者应当改进农药包装，便于清洗和回收。

4. 改进农药包装

农药生产者应使用易资源化利用和易处置包装物、水溶性高分子包装物或者在环境中可降解的包装物，逐步淘汰铝箔包装物。鼓励使用便于回收的大容量包装物。

二、储存运输

农药经营者和农药包装废弃物回收站（点）应当加强相关设施设备、场所的管理和维护，对收集的农药包装废弃物进行妥善储存，不得擅自倾倒、堆放、遗撒农药包装废弃物。运输农药包装废弃物应当采取防止污染环境的措施，不得丢弃、遗撒农药包装废弃物，运输工具应当满足防雨、防渗漏、防遗撒要求。

三、处置

农药包装废弃物应进行资源化利用，资源化利用以外的，应当依法依规进行填埋、焚烧等无害化处置。

资源化利用按照"风险可控、定点定向、全程追溯"的原则，由省级人民政府农业农村主管部门会同生态环境主管部门，结合本地实际需要，确定资源化利用单位，并向社会公布。资源化利用不得用于制造餐饮用具、儿童玩具等产品，防止危害人体健康。资源化利用单位不得倒卖农药包装废弃物。

第六节　法律法规与政策

我国现行法律法规《中华人民共和国土壤污染防治法》《中华人民共和国固体废物污染环境防治法》《农药管理条例》等（表3-4）中已有一些与农药包装废弃物管理相关规定（表3-5），但这些法律规定分散且不系统，可操作性不强，不能满足农药包装废弃物管理的实际需要。农业农村部、生态环境部等联合制定了《农药包装废弃物回收处理管理办法》，对现行法律法规的相关规定进行了细化。

表 3-4　法律法规发布情况

序号	名称	文号	发布时间	颁布单位
1	土壤污染防治法	中华人民共和国主席令第 8 号	2018-08-31	全国人大常委会
2	固体废物污染环境防治法（2020 修订）	中华人民共和国主席令第 43 号	2020-04-30	全国人大常委会
3	农药管理条例	中华人民共和国国务院令第 677 号	2017-02-08	国务院
4	农药包装废弃物回收处理管理办法	中华人民共和国农业农村部生态环境部令 2020 年第 6 号	2020-08-27	农业农村部生态环境部

表 3-5　法律法规相关规定

文件名称	相关规定
土壤污染防治法	第 26 条：国务院农业农村、林业草原主管部门应当制定规划，完善相关标准和措施，加强农用地农药、化肥使用指导和使用总量控制，加强农用薄膜使用控制 国务院农业农村主管部门应当加强农药、肥料登记，组织开展农药、肥料对土壤环境影响的安全性评价 制定农药、兽药、肥料、饲料、农用薄膜等农业投入品及其包装物标准和农田灌溉用水水质标准，应当适应土壤污染防治的要求 第 30 条：禁止生产、销售、使用国家明令禁止的农业投入品 农业投入品生产者、销售者和使用者应当及时回收农药、肥料等农业投入品的包装废弃物和农用薄膜，并将农药包装废弃物交由专门的机构或者组织进行无害化处理。具体办法由国务院农业农村主管部门会同国务院生态环境等主管部门制定 国家采取措施，鼓励、支持单位和个人回收农业投入品包装废弃物和农用薄膜

（续）

文件名称	相关规定
土壤污染防治法	第88条规定：农业投入品生产者、销售者、使用者未按照规定及时回收肥料等农业投入品的包装废弃物或者农用薄膜，或者未按照规定及时回收农药包装废弃物交由专门的机构或者组织进行无害化处理的，由地方人民政府农业农村主管部门责令改正，处一万元以上十万元以下的罚款；农业投入品使用者为个人的，可以处二百元以上二千元以下的罚款
固体废物污染环境防治法	第65条：产生秸秆、废弃农用薄膜、农药包装废弃物等农业固体废物的单位和其他生产经营者，应当采取回收利用和其他防止污染环境的措施。从事畜禽规模养殖应当及时收集、储存、利用或者处置养殖过程中产生的畜禽粪污等固体废物，避免造成环境污染
农药管理条例	第37条：国家鼓励农药使用者妥善收集农药包装物等废弃物；农药生产企业、农药经营者应当回收农药废弃物，防止农药污染环境和农药中毒事故的发生。具体办法由国务院环境保护主管部门会同国务院农业主管部门、国务院财政部门等部门制定 第46条：假农药、劣质农药和回收的农药废弃物等应当交由具有危险废物经营资质的单位集中处置，处置费用由相应的农药生产企业、农药经营者承担；农药生产企业、农药经营者不明确的，处置费用由所在地县级人民政府财政列支
农药包装废弃物回收处理管理办法	第6条：农药生产者、经营者和使用者应当积极履行农药包装废弃物回收处理义务，及时回收农药包装废弃物并进行处理 第10条：农药生产者、经营者应当按照"谁生产、经营，谁回收"的原则，履行相应的农药包装废弃物回收义务。农药经营者应当在其经营场所设立农药包装废弃物回收装置，不得拒收其销售农药的包装废弃物 第11条：农药使用者应当及时收集农药包装废弃物并交回农药经营者或农药包装废弃物回收站（点），不得随意丢弃

目前，各地开展了农药包装废弃物的处理技术规范研究，形成了国家和地方标准（表3-6），具体为《农药包装废弃物安全回收操作规程》（DB 45/T 1662—2017）、《农药原料包装桶清洗利用技术规程》

（DB 45/T 2253—2021）、《农药包装废弃物综合利用污染控制技术规范》（DB 32/T 4711—2024），主要是围绕农药包装废弃物回收处理及再利用进行规范，提出了处理原则、措施及实施步骤。

表 3-6　国家和地方标准发布情况

序号	标准类型	名称	发布时间	实施时间	颁布部门	标准状态
1	国家标准	《农业废弃物资源化利用 农业生产资料包装废弃物处置和回收利用》（GB/T 42550—2023）	2023-05-23	2023-09-01	国家市场监督管理总局 国家标准化管理委员会	现行有效
2	地方标准	《农药包装废弃物安全回收操作规程》（DB 45/T 1662—2017）	2017-12-30	2018-01-30	广西壮族自治区技术监督局	现行有效
3	地方标准	《农药原料包装桶清洗利用技术规程》（DB 45/T 2253—2021）	2021-02-05	2021-03-05	广西壮族自治区市场监督管理局	现行有效
4	地方标准	《农药包装废弃物回收指南》（DB 4403/T 324—2023）	2023-03-13	2023-04-01	深圳市市场监督管理局	现行有效
5	地方标准	《农药包装废弃物综合利用污染控制技术规范》（DB 32/T 4711—2024）	2024-03-25	2024-04-25	江苏省市场监督管理局	现行有效

第七节　工作举措

为防治农药包装废弃物污染，保障公众健康，保护生态环境，根据我国《中华人民共和国土壤污染防治法》《农药管理条例》等法律法规和有关规定，农业农村部第 11 次常务会议审议于 2020 年 7 月 31 日通过《农药包装废弃物回收处理管理办法》，并经生态环境部同意，自 2020 年 10 月 1 日起施行。我国从源头减量入手，采取相应措施，推动防治结合，在控制农药包装废弃物"增量"的同时，逐步消减农用地土壤中农药包装废弃物的"存量"。为推进农药包装废弃物污染治理顺利实施，各地因地制宜进行创新和探索，形成了一批可推广、可复制的实践经验。

一、浙江省

2015 年 7 月，浙江省政府办公厅印发《浙江省农药废弃包装物回收和集中处置试行办法》（浙政办发〔2015〕82 号），在全国率先全面推行农药包装废弃物回收处置工作，明确部门职责分工，按照市场运作、政府扶持、属地管理的原则，构建以"市场主体回收、专业机构处置、公共财政扶持"为主要模式的回收处置体系。2021 年 4 月，浙江省农业农村厅印发《关于做好 2021 年农药包装废弃物回收工作的通知》（浙农专发〔2021〕24 号），贯彻落实《农药包装废弃物回收处理管理办法》的精神，进一步完善工作机制，强化回收归集环节安全生产，探索农药包装废弃物减量和资源化利用途径。2022 年 3 月，浙江省农业农村厅联合浙江省生态环境厅印发了《关于推进农药包装废弃物回收处置体系数字化升级的通知》，有效衔接回收豁免与危废处置，提升数字化监管水平。

截至 2021 年底，浙江省全域共设立回收网点 7 312 个，其中农药经营门店 5 036 个，村回收点 519 个，其他类型回收点 757 个；建立农药包装废弃物县级归集点 92 个，其中 33 个归集点通过了环评。2016—2021 年，全省累计回收农药包装废弃物 2.65 万吨，处置 2.68 万吨（包括处置 2016 年前库存），有效清理了田间地头、房前屋后、沟堰渠塘的农药包装废弃物，农业面源污染大幅减少，农业农村生态环境得到改善，农户环保意识不断提升，有力推动了美丽田园建设。

二、宁夏回族自治区

宁夏回族自治区每年产生并丢弃在田边、沟渠的农药包装废弃物 200 吨左右，对生态环境造成一定影响。自 2017 年开展农药包装废弃物回收试点工作以来，截至 2022 年底，宁夏回族自治区累计回收农药包装废弃物 739.71 吨，回收率达到 80％以上；回收的农药包装废弃物已全部进行无害化处理，处理率达到 100％。截至 2022 年底，宁夏回族自治区共设置农药包装废弃物回收站（点）1 273 个，设立农药包装废弃物储存站157 个，初步建立回收处理工作机制和废弃物回收体系，基本能够满足自治区农药包装废弃物回收工作需要。

三、湖北省

湖北省农业农村厅发布《农药包装废弃物回收处理试点工作方案》，并在武汉市新洲区和仙桃市、潜江市等 10 个县（市、区）开展农药包装废弃物回收处理试点，统一回收农药包装废弃物并集中无害化处理。农药使用者过去对农药包装废弃物的处置方式多是随手扔到田间沟边，对土壤和地下水源造成一定污染，甚至威胁农产品质量安全。为此，湖北将开展农药包装废弃物统一回收处理试点。各试点地区将重点探索农药经销点回收、专业公司有偿回收、政府主导公益性回收 3 种回收模式，引导农药生产者、经营者、使用者和农药包装废弃物回收站加强回收设施设备、储存场所的管理和维护，妥善储存收集的农药包装废弃物，鼓励对农药包装废弃物进行资源化利用。资源化利用以外的农药包装废弃物，将依法依规进入生活垃圾填埋场填埋处置或进入生活垃圾焚烧厂焚烧处置。

根据方案，湖北省将督导试点地区农药经营者和农药包装废弃物回收站点建立农药包装物回收台账，且保存 2 年以上，做到农药包装废弃物回收、转运、储存、处置各个环节规范运作、账物一致。此外，湖北将继续强化源头治理，大力推广绿色农业生产模式，鼓励支持农药生产企业采用易资源化利用和易降解处理的环保型材料制作农药包装，适当提升大包装农药的生产占比，引导植保专业合作社、家庭农场等农业生产主体使用大包装农药，通过社会化服务提高农药包装再利用水平。同时，湖北省农业农村厅将拿出专项资金对试点地区适当给予补贴支持，并探索建立政府扶持、市场主体多方参与的多元化资金投入保障机制。

四、内蒙古自治区

内蒙古自治区积极建立包装废弃物回收制度，严格落实《农药包装废弃物回收处理管理办法》，明确全区农药包装废弃物回收处理机制，将农药包装废弃物回收处置工作与农药减量化工作同部署，并写入《"十四五"内蒙古自治区种植业发展规划》，专门进行部署。监督责任主体落实回收处理责任，督促指导农药生产者、经营者、使用者履行农药包装废弃物回收处理义务，压实回收责任，在强化农药经营门店回收设施全覆盖要求的基础上，各地逐步建设完善区域中心收集站点，并利用相关项目给予支持，鼓励使用大包装农药，减少回收压力。全自治区共设立农药包装废弃物回收站点 10 940 个，农药包装废弃物存储站点 791 个。截至 2023 年底，已回收农药包装废弃物 2 004 吨。

五、安徽省

安徽省黄山市在安徽省率先建立"七统一"农药集中配送体系，推广应用生物农药等环境友好型农药，集中回收包装废弃物。确定企业主体建立市级配送中心，设置乡镇和村级配送网点 450 个左右，制定《推荐农药品种目录》，严格按照目录采购配送，形成了财政补贴、零差价销售、集中回收废弃物、统一无害化处理的工作闭环。出台了安徽省首部地方性农药法规——《黄山市农药安全管理条例》。

第八节　面临问题

一、农药包装废弃物危险性高，处置不妥易造成安全隐患

农药包装废弃物大多是难降解的，长期留在环境中，导致土壤被污染，阻碍作物对土壤养分和水分的吸收，引起作物减产同时，包装物内残

留的不同毒性农药，经雨水或浇水后稀释而释放出来，对周边土壤地表水、地下水及农产品等造成直接污染，进而对环境和人类健康构成潜在危害。

二、农药包装废弃物回收转运处置难，资金保障能力不足

由于历史原因，多年农药包装废弃物累积留存量大、分布广，捡拾困难。农药生产经营者回收的长效机制有待健全，如如何让使用者将农药包装废弃物主动交回，回收的农药包装废弃物如何储存，生产者、批发者、零售者、使用者的收集储存费用如何分摊，政府如何补贴等。农药包装废弃物的回收处置经费，包括回收成本、回收归集的工时费、运输费、处置费等，部分县区工作经费尚有缺口。目前，农药包装废弃物处置大多还涉及危废专业化处置，处置价格较高，每吨处置费用 3 000～5 000 元，且农药包装废弃物回收与处置两个环节目前仍存在一定脱节。农药使用范围和区域广阔，执法监管部门难以及时发现和制止违规处置做法。

三、主体环保意识不足，长效管理机制有待建立

很多农村地区，农民丢弃农药包装废弃物的现象普遍，对农药包装废弃物乱丢乱弃的危害性，以及回收处置工作的重要性缺乏足够清醒的认识，特别是偏远地区的农户，距离回收点较远，农药用量少（多为小包装农药），即使有补贴也不愿意送至回收点。部分基层回收网点设施条件简陋，密封性不良，存在二次污染的风险隐患，易影响自身及周边群众。目前，对农药包装废弃物仍存在着管理上的真空，表现为管理机制不全、责任分工不明、现有工作不力、实际成效不大。

第四章

肥料与土壤调理剂
包装废弃物安全
处置回收

　　肥料与土壤调理剂是重要的农业生产资料，对保障国家粮食安全和农产品有效供给具有重要作用。新中国成立以来，我国肥料产业快速发展，成为肥料生产和消费大国。但在肥料与土壤调理剂使用过程中，部分包装存在使用后被随意弃置、掩埋或焚烧的情况，对农业生产和农村生态环境产生不利影响。为贯彻落实《中华人民共和国土壤污染防治法》，应推进肥料与土壤调理剂包装废弃物回收处理，促进农业绿色发展，保护农村生态环境。

第一节　肥料与土壤调理剂包装废弃物分布

一、肥料使用及其包装废弃物分布

　　由《中国统计年鉴 2023》数据可得，我国 2022 年农用化肥施用折纯量为 5 079.1 万吨。从区域来看，农用化肥施用折纯量从多到少排序为：华东地区（1 185.8 万吨）＞华中地区（1 069.2 万吨）＞华北地区（624.6 万吨）＞东北地区（591.7 万吨）＞西北地区（556.6 万吨）＞西南地区（554.7 万吨）＞华南地区（496.5 万吨）（图 4-1）。从省份来看，全国农用化肥施用折纯量平均为 163.84 万吨/省（自治区、直辖市），超过全国平均值的有 16 个省份，华北地区有河北省和内蒙古自治区，东北地区有吉林省和黑龙江省，华东地区有江苏省、安徽省和山东省，华中地区有河南省、湖北省和湖南省，华南地区有广东省和广西壮族自治区，西南地区有四川省和云南省，西北地区有陕西省和新疆维吾尔自治区。

　　由《中国统计年鉴 2023》各省份 2022 年化肥用量、耕地面积等数据，可以计算出单位农用地年化肥施用量，按平均 25 千克化肥需要 1 个化肥包装袋，可以估算出各省单位农用地化肥包装物产生数量（图 4-2），全国每个省平均化肥施用量为 460.24 千克/公顷，每个省化肥包装废弃物数量为 18.41 个/公顷，每个省份化肥包装废弃物总数平均为 6 553.68 万个。区域农用地化肥包装物产生数量从多到少排序为：华东地区（47 432.00 万个）＞华中地区（42 768.00 万个）＞西南地区（41 651.63 万个）＞华北地区（24 984.00 万个）＞东北地区（23 668.00 万个）＞西北地区（22 264.00 万个）＞华南地区（19 860.00 万个）。

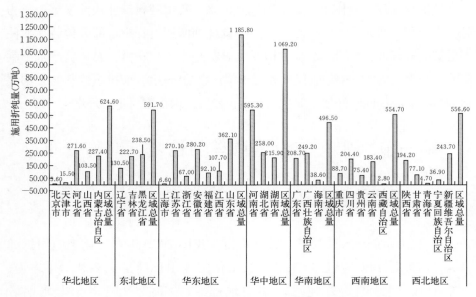

图 4-1　我国不同区域农用化肥施用折纯量（2022 年）

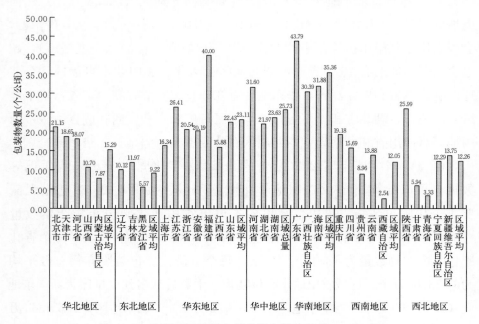

图 4-2　我国不同区域亩均化肥包装物估算（2022 年）

从省级使用情况看，目前我国化肥使用大省为山东、河南、湖北、湖南以及广东等，这些区域化肥使用基数大。2022 年，河南省总耕地面积为 753.49 万公顷，化肥施用折纯量为 595.3 万吨，化肥施用量平均为 790.06 千克/公顷，高于全国平均水平，按平均 25 千克化肥需要 1 个包装废弃物计算，河南省一年所需的化肥包装物高达 2.38 亿个（件）。2022 年，湖南省总耕地面积 365.42 万公顷，化肥施用折纯量为 215.9 万吨，化肥施用量平均为 590.83 千克/公顷，高于全国平均水平，按平均 25 千克化肥需要 1 个包装废弃物，湖南省一年所需的化肥包装物高达 8 636 万个（件）。2022 年，北京市总耕地面积 12.48 万公顷，化肥施用折纯量为 6.6 万吨，化肥施用量平均为 528.85 千克/公顷，高于全国平均水平（460.24 千克/公顷），按平均 25 千克化肥需要 1 个包装废弃物计算，一年所需的化肥包装物高达 264 万个（件）。考虑到其他肥种，我国每年所需的化肥包装袋数量十分庞大。

二、典型地区肥料包装废弃物产生量

1. 河南省

2023 年全省总耕地面积 753.49 万公顷，全年全省粮食种植面积 1 077.84 万公顷，主要农作物是小麦和玉米，其中小麦、玉米的种植面积分别为 568.25 万公顷，玉米种植面积 385.75 万公顷。2022 年使用化肥施用折纯量为 595.3 万吨，化肥施用量平均为 790.06 千克/公顷，高于全国平均水平（化肥施用量平均为 460.24 千克/公顷）。按平均 25 千克肥料需要 1 个化肥包装废弃物，河南省一年所需的肥料包装物高达 2.38 亿个（件）。

2. 湖南省

湖南省 2023 年全省总耕地面积 366.42 万公顷，全年全省粮食种植面积 476.55 万公顷，主要农作物是稻谷、小麦和玉米，其中稻谷、小麦、玉米的种植面积分别为 396.77 万公顷、2.24 万公顷、39.36 万公顷。2022 年使用化肥施用折纯量为 215.9 万吨，化肥施用量平均为 590.83 千克/公顷，高于全国平均水平（化肥施用量平均为 460.24 千克/公顷）。按平均 25 千克肥料需要 1 个化肥包装废弃物，湖南省一年所需的肥料包装物高达 8 636 万个（件）。

3. 安徽省

安徽省 2022 年全省总耕地面积 555.09 万公顷，全年全省粮食种植面积 731.42 万公顷，主要农作物是稻谷、小麦和玉米，其中稻谷、小麦、玉米的种植面积分别为 249.65 万公顷、284.94 万公顷、122.89 万公顷。2023 年使用化肥施用折纯量为 280.2 万吨，化肥施用量平均为 504.78 千克/公顷，高于全国平均水平（化肥施用量平均为 460.24 千克/公顷）。按平均 25 千克肥料需要 1 个化肥包装废弃物，安徽省一年所需的肥料包装物高达 1.12 亿个（件）。

4. 北京市

北京市 2023 年总耕地面积 12.48 万公顷，全年全市粮食种植面积 7.67 万公顷，主要农作物是小麦和玉米，其中小麦、玉米的种植面积分别为 1.82 万公顷、5.11 万公顷。2023 年使用化肥施用折纯量为 6.6 万吨，化肥施用量平均为 528.85 千克/公顷，高于全国平均水平（化肥施用量平均为 460.24 千克/公顷）。按平均 25 千克肥料需要 1 个化肥包装废弃物计算，北京市一年所需的肥料包装物高达 264 万个（件）。

第二节　肥料与土壤调理剂包装废弃物环境风险

与农药包装废弃物相比，肥料与土壤调理剂包装废弃物数量较少，农业生态环境污染风险较低。另外，肥料、饲料包装袋轻巧、结实、耐用，搬运方便，适合废物利用，我国大部分农民有肥料、饲料包装袋回收再利用的习惯，一些农户用于盛装粮食、物品等。综合文献分析，肥料编织袋盛装粮食等具有一定的危害性，其风险主要如下：

一是现有肥料包装多为塑料包装，其化学组成多为高密度聚乙烯、高阻隔等高分子有机材料，里面含有大量铅和其他有害物质，难以降解，长期堆积在土壤中会使得植物根系难以正常生长。

二是装尿素、碳酸氢铵等氮类化肥的包装袋，存放一段时间后，很容易转化成亚硝酸铵，变质的饲料产生的毒素，会附着在包装袋内，长期存放粮食，会使粮食中也含有亚硝酸铵等有害物质。

三是肥料、饲料包装袋密封性较好，盛装粮食时会因水分蒸发不出导致粮食发生霉变，产生的黄曲霉毒素会诱发癌症。

四是随意扔弃的单个包装具有分散性和隐蔽性，连片出现时容易造成"视觉污染"，不利于生态宜居的乡村建设。

第三节　肥料与土壤调理剂包装废弃物处置方式

一、回收

1. 有偿回收模式

以经济利益作为驱动肥料生产者、销售者、使用者回收利用肥料包装废弃物，推进肥料包装废弃物回收处理。

2. 第三方回收模式

通过委托第三方机构建立回收网点统筹开展肥料、农药包装废弃物和废旧农膜等回收，通过整合社会资源，实现专业化回收和综合性服务。

3. 综合回收模式

北京市房山区建立三种回收模式：一是种植大户回收，针对种植大户建立回收点，由使用者对肥料包装废弃物进行回收。二是园区收集回收，在规模较大的种植园区建立回收点，由园区统一收集回收。三是销售网点回收，在农资销售门店建立回收点，进行定点回收或在购买农资时折价回收。回收点的包装废弃物由回收公司定期清点、打包、集中存放和处理。经过成本核算和沟通协商，确定了肥料包装废弃物回收补贴标准：农户回收补贴为 0.15～0.20 元/个，回收网点补贴为 0.1～0.15 元/个，回收企业收集、运输、存储、处理等补贴为 0.3 元/个，总计约 0.6 元/个。实践证明，建立多种回收模式和统一、透明、合理的补贴机制，有效激发了使用者、回收者、处理者的积极性，有利于推动工作长效运行。

二、处置

第三方机构可自行或委托其他单位对肥料包装废弃物进行资源化利用，对于有再利用价值的，由使用者收集利用市场机制，由市场主体回收后二次利用。对于无再利用价值的，由使用者收集并作为农村垃圾进行处理。

第四节　法律法规与政策

我国肥料包装废弃物回收利用工作处于起步阶段，国内针对肥料包装废弃物回收利用工作制定的法律法规及标准较少。2020 年，为贯彻落实《中华人民共和国土壤污染防治法》，推进肥料包装废弃物回收处理，促进农业绿色发展，保护农村生态环境，农业农村部印发了《关于肥料包装废弃物回收处理的指导意见》（农办农〔2020〕3 号），利用两年时间，在全国 100 个县开展肥料包装废弃物回收处理试点，试点县 50％以上的行政村开展肥料包装废弃物回收处理工作，回收率达到 80％以上。计划到 2025 年，试点县肥料包装废弃物回收率达到 90％以上，农民群众肥料包装废弃物回收处理意识大幅提升，形成可复制、可推广的肥料包装废弃物回收处理模式和工作机制，以示范带动全国肥料包装废弃物回收处理。地方有关部门制定了《农药包装废弃物综合利用污染控制技术规范》（DB 32/T 4711—2024），对肥料包装废弃物回收处置及再利用进行了规范（表 4-1）。

表 4-1　法律法规以及标准发布情况

序号	名称	文号/标准号	发布时间	颁布单位
1	土壤污染防治法	中华人民共和国主席令第 8 号	2018-08-31	全国人大常委会
2	固体废物污染环境防治法（2020 年修订）	中华人民共和国主席令第 43 号	2020-04-30	全国人大常委会
3	关于肥料包装废弃物回收处理的指导意见	农办农〔2020〕3 号	2020-01-16	农业农村部
4	农业废弃物资源化利用农业生产资料包装废弃物处置和回收利用	GB/T 42550—2023	2023-05-23	国家市场监督管理总局国家标准化管理委员会

第五节　工作举措

一、地方政策落实

1. 浙江省

浙江省农业农村厅为贯彻落实《中华人民共和国土壤污染防治法》《农业农村部办公厅关于肥料包装废弃物回收处理的指导意见》《浙江省农业废弃物处理与利用促进办法》，推进肥料包装废弃物回收处理工作，出台了《关于肥料包装废弃物回收处理的指导意见》，要求率先在农业绿色发展试点县、化肥减量示范县开展肥料包装废弃物回收处理试点，试点县 2022 年回收率达到 90% 以上。到 2025 年，肥料包装废弃物回收处理工作实现县域全覆盖，肥料包装废弃物回收处理率达到 90% 以上；建立有效的肥料包装废弃物回收处理机制，促进肥料包装废弃物减量化、资源化、无害化。

2. 江苏省

江苏省从 2020 年选择姜堰、贾汪、太仓、东台 4 个市（区）开展肥料包装废弃物回收处理试点工作，试点市（区）因地制宜采取行之有效的措施，激励肥料生产者、销售者、广大农民特别是新型经营主体自觉回收肥料包装废弃物，形成多方参与、共同治理的局面。试点市（区）结合当地农业生产资料包装废弃物回收的实际情况，开展综合试点，协同推进。太仓市结合当地农药包装废弃物回收点及测土配方施肥供应网点，建立了20家肥料包装废弃物回收点；贾汪区统一布设化肥、农药包装物回收箱270个，建成回收中心6处，简易回收运输车16辆，做到全区覆盖；姜堰区将肥料包装废弃物回收纳入当地已建成的区、镇、村三级回收网络体系，实现了全区所有乡镇全覆盖，其中，片区回收中心4个，镇村回收站点15个。各地在建设田间地头收集网点的基础上，组织力量统一将肥料包装废弃物运送至集中回收中心，由相关企业进行无害化处理或再利用。

3. 天津市

天津市农业农村委员会制定《2020年天津市化肥减量增效项目工作方案》，提出启动肥料包装废弃物回收处理试点，即在2个化肥减量增效试点区中，择优选择1个地方政府重视、工作积极性高、有一定工作基础的区，同时开展肥料包装废弃物回收处理试点，落实肥料生产者、销售者和使用者主体责任，探索适宜回收处理方式，鼓励引导企业实现源头减量，大力推行肥料统配统施社会化服务，探索建立有效的肥料包装废弃物回收处理组织方式和工作机制。

二、地方有偿回收模式探索

1. 浙江省

浙江省衢州市自2018年开始收购废弃农药、肥料包装瓶，分200毫升以下和200毫升（含）以上两档，分别按每只0.3元、0.5元回收；农药、化肥包装袋按500克以下、500～5 000克（含）、5 000克以上三档，分别按每只0.1元、0.5元、1元回收。

浙江省东阳市供销总社建立肥料废弃包装物和废旧农膜回收体系，由东阳市方圆农资连锁总公司承担肥料废弃包装物、废旧农膜的回收工作，总公司下属 65 家农资经营店、社会上 41 家农资店，作为一线回收点，总公司的仓库则作为集中点，统一集中的肥料废弃包装物将作分类处理，优先开展资源再利用，不能再利用的则送到焚烧厂进行焚烧处理。

2. 江苏省

江苏省太仓市组织农户将收集到的肥料包装废弃物送交到指定的肥料包装废弃物回收点，由回收点工作人员进行清点，分类予以奖补，其中，瓶装 0.30 元/件、袋装 0.50 元/件、小袋装 0.05 元/件，回收过程做好详细的台账记录；姜堰区将肥料等农业生产资料包装废弃物回收工作与稻谷补贴发放有机结合、统筹推进；东台市对直接供应散装肥料的生产企业给予 10 元/吨补助，鼓励源头减量，减少肥料包装废弃物的数量。

3. 北京市

北京市耕地建设保护中心、房山区种植技术推广站经过调研，选择北京益田生态农业技术有限公司具体承担肥料包装废弃物回收工作，依托该公司在全区 23 个农业乡（镇）建立了 192 个回收网点，统筹开展肥料、农药包装废弃物和废旧农膜等回收，通过整合社会资源，实现专业化回收和综合性服务。

4. 安徽省

安徽省界首市根据市场行情，给回收点确定了回收肥料包装废弃物参考价：可二次利用的包装袋 2.20 元/千克、包装瓶（桶）3 元/千克；不可利用的包装袋 0.15 元/个。对每个回收点，按其回收资金的 30% 给予奖补。界首市回收处理中心的运输、仓储、无害化处理费用，根据实际开支予以补贴，年最高补助为 15 万元，规模小的回收点，年最高补助为 2 万元。

安徽省黄山市全面推进农膜污染治理，制定《黄山市废旧农膜回收利用实施方案》，开展地膜使用标准化减量化、地膜残留调查监测等重点工作。全面推广使用厚度 0.01 毫米及以上标准地膜，从源头上保障地膜的可回收性。严格市场准入要求，深入整治非标地膜，杜绝其非法销售、铺进农田。强化回收体系建设，农膜使用重点村至少确定1个集中收集点、1名回收管理员。首创乡村垃圾兑换超市并升级为"生态美"超市，让村民享受保护生态红利。截至2023年，黄山市建成"生态美"超市345家，每家超市年均回收塑料瓶近200千克、塑料袋9 600余只，累计兑换出食盐、牙刷、肥皂等生活物资近万件。

三、农业绿色发展新模式探索

湖北省孝感市云梦县试点可降解肥料包装应用于蔬菜水肥一体化，设置3种不同降解模式：外箱可回收利用、内装可60～180天降解的缓降型包装、小袋为遇水速溶的速降型包装。云梦县在设施蔬菜上共应用可降解包装的水溶肥料24吨，总面积2 300多亩。云梦县在设施蔬菜水肥一体化上应用可降解肥料包装的试点，能示范带动农户逐步淘汰铝箔包装物，减少对环境的影响，从源头上减少肥料包装废弃物的产生，促进农业绿色发展，保护农村生态环境（图4-3）。

图4-3 云梦县推广可降解包装水溶肥料

第六节 面临问题

尽管大部分肥料与土壤调理剂包装废弃物会被主动利用，但仍有部分包装瓶或损毁的包装袋被随意丢弃。例如，对于一些在露天堆晒时间过久的肥料袋，使用者一般会丢弃，对于小型的化肥袋，相当部分的使用者会随手扔在地里，对于水溶肥包装和一些瓶装小包装液体肥，因其利用率较低，包装袋和包装瓶随手扔的现象比较常见。

第五章

饲料及饲料添加剂
包装废弃物
安全处置回收

　　饲料产业是影响我国国民经济的重要基础产业之一。我国饲料工业起步于 20 世纪 70 年代，伴随着我国国民经济的持续发展以及养殖业的不断壮大，全国饲料工业也随之快速崛起，国内饲料工业总产值和总营业收入不断增长。但是，我国每年到底产生多少饲料产品废弃物，这些饲料产品废弃物的时空分布状况如何、利用状况如何、对环境会造成多大影响，没有准确的数据和记录。大多数相关数据仅仅是根据作物和养殖规模来估算。由于饲料产品废弃物产生量大且总量不清、粗放低效利用且闲置状况严重，同时，规范化的饲料产品废弃物回收体系尚未完全建立，所以对过期饲料及饲料添加剂的处置和回收是解决农业废弃物对环境生态破坏的源头之举。

第一节　饲料及添加剂包装废弃物分布

　　由中国饲料工业协会网站数据可得，我国 2023 年饲料总产量为 32 032.56 万吨，从区域来看，饲料产量从大到小排序为：华东地区（10 790.9 万吨）＞华南地区（6 297.95 万吨）＞华中地区（4 631.42 万吨）＞西南地区（3 203.34 万吨）＞东北地区（3 025.38 万吨）＞华北地区（2 970.27 万吨）＞西北地区（1 113.3 万吨）（图 5 - 1）。从省份来看，全国饲料产量平均为 1 104.61 万吨/省，超过全国平均值的有 13 个省份，华北地区有河北省，东北地区有辽宁省，华东地区有江苏省、安徽省、福建省、江西省、山东省，华中地区有河南省、湖北省和湖南省，华南地区有广东省和广西壮族自治区，西南地区有四川省。饲料包装废弃物的量与饲料产量区域布局相似。

　　由《中国统计年鉴 2023》各地区牲畜年末存栏量等数据，按平均 50 千克饲料需要 1 个饲料包装袋，可以估算出各省每头大牲畜饲料包装物产生数量（图 5 - 2），全国每个省平均每头大牲畜饲料包装物产生数量为 197.75 个/头，区域饲料包装物产生数量从多到少排序为：华东地区（527.55 个/头）＞华南地区（317.49 个/头）＞华北地区（121.34 个/头）＞华中地区（92.05 个/头）＞西北地区（87.23 个/头）＞东北地区（55.27 个/头）＞西南地区（不含西藏）（37.84 个/头）。

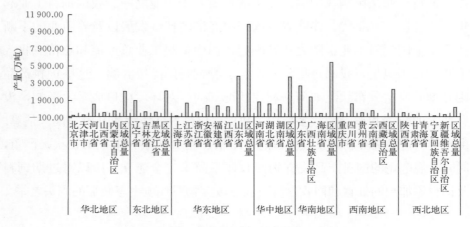

图 5-1 我国不同区域饲料产量（2023 年）

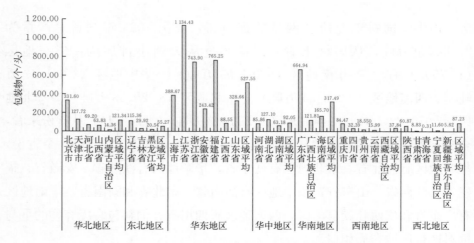

图 5-2 我国不同区域饲料包装物估算（2022 年）

第二节 过期饲料及添加剂包装物污染风险

一、过期饲料安全处置和再利用现状

过期饲料作为农业生产资料废弃物的一种，对动物健康会产生很大影响。过期饲料最容易发生的问题是霉变，严重危害饲料业及畜牧业生产。使用超过保质期的饲料则会存在不同程度的安全风险。如果超过保质期，尤其在保存条件欠佳时，饲料会发霉，导致畜禽中毒，甚至死亡。

二、过期饲料毒素检测和统计分析

过期饲料霉变典型特征是产生霉菌毒素，霉菌毒素主要是由真菌（霉菌）代谢产生的具有毒性的次级代谢产物。霉菌在适宜的条件下可污染多种谷物与饲料，并产生多种霉菌毒素沉积于粮食与饲料中。迄今为止，已经发现的霉菌毒素有数百种，其中黄曲霉毒素、玉米赤霉烯酮、T-2毒素等是最为常见的毒素（其产生的危害见表5-1），也是毒害作用较大的几种常见毒素。由于不同气候、季节、地域等环境不同，霉菌生长种类不同，所以不同地区、时间的饲料和饲料原料受霉菌毒素污染的情况有所不同。

表5-1　常见饲料中毒菌霉素类别及危害

毒素类别	主要危害
黄曲霉毒素	损害肝脏免疫系统
玉米赤霉烯酮	损害生殖系统
呕吐霉素	抑制蛋白质合成
赭曲霉毒素	损害肝脏和肾脏
烟曲霉毒素	影响神经鞘脂类的代谢
T-2毒素	损害淋巴细胞以及造血细胞

第三节　过期饲料及添加剂包装物处置方式

过期饲料及添加剂不同于一般的固体废物，具有一定的危险性，因此，要对其实行重点控制和严格管理。对于重度污染的饲料及饲料添加剂，其利用转化率低，再利用会增加成本。所以一般采用焚烧和填埋的传统处理方法进行处置，处理时也要参照国家的相应标准进行无害化处理。对于轻度霉变和中度霉变的饲料及饲料添加剂，采用不同的方法对霉菌毒素进行处置与再利用。技术方法有物理脱毒技术和生物发酵技术。传统脱毒法主要有剔除、暴晒、水洗等方法。剔除法主要针对饲料中霉变明显的秸秆、颗粒饲料，一旦出现霉变，直接把霉变部分剔除干净即可；暴晒法主要用于大量秸秆饲料，将发霉饲料置于阳光下晒干，然后进行通风、抖松，可以降低饲料原料的水分，抑制霉菌的生长，又可以利用太阳紫外线杀死霉菌孢子，但暴晒可能会造成原料营养价值的损失；易溶于水的烟曲霉毒素、呕吐毒素及丁烯酸内酯等可采用温泡盐水洗法；对于不溶于水或难溶于水的如黄曲霉毒素、玉米赤霉烯酮等毒素则可采用反复搓洗或破碎水洗法。吸附剂能与霉菌毒素形成稳定的复合物，能降低畜禽肠道对毒素的吸收，可减少毒素对其机体的危害和其在机体及产品内的残留。当前饲料中应用最广泛的吸附剂为膨润土和活性炭。生物脱毒再利用主要有酶解法和微生物发酵法，具有解毒效率高、特异性强、对环境没有污染等特点和优势。

一、合理布局回收点

过期饲料及饲料添加剂废弃物回收点布局原则上要实现农业行政村（组）、生产企业及经营门店、专业合作社和家庭农场三类回收重点区域全覆盖。县级农业农村部门根据本地饲料及饲料添加剂废弃物产生实际情况，按需合理布局回收站点。各试点和有条件的地方要确保将所有饲料及饲料添加剂经营门店设置为废弃物回收点。

二、科学选建暂存站点

各地要建设集中暂存站点，原则上每个县（市、区）至少要建立 1 个集中暂存站点。集中暂存站要综合考虑本地饲料废弃物产生量、分布区域和处理去向，合理选址建设。可依托废弃物产生量较大或地理位置较方便的经营门店、畜禽养殖经营主体和其他回收站点等合理建设，也可单独科学选址建设。

三、加强站点建设管理

各地回收和集中暂存站点要配齐必需的设施设备，建立完善操作规范与管理办法，明确专人管护。各回收点要配置与饲料废弃物回收有关的指示牌或公告栏。饲料废弃物设施要满足防扬散、防流失、防渗漏要求，不得露天存放；转运工具要满足防雨、防渗漏、防遗撒要求。各地农业农村部门可结合本地回收点实际回收、运营情况和饲料经销标准化门店建设等因素，探索建立积分评价制度，根据评价结果筛选建设一批回收示范站点，合理给予资金政策倾斜支持，示范带动所有回收点建设提质增效。

四、抓紧建立完善回收线

养殖户、专业合作社、企业及经销商等及时收集饲料及饲料添加剂废弃物并交送回收点，不得随意丢弃。推动生产者和经营者落实回收主体责任与义务，饲料生产者、经营者可协商确定履行责任义务的具体方式，农药经营者不得拒收其销售饲料及饲料添加剂废弃物。

第四节　法律法规与政策

欧盟已经制定了《饲料与食品安全法规》《动物营养中使用的添加剂》等法律法规（表 5-2）。2020 年，联合国粮农组织（FAO）与国际饲料工业协会（IFIF）联合修订出版了《饲料行业良好管理规范（Good Practices for Feed Sector)》。

表 5-2　欧盟相关法律法规发布情况

序号	名称	文号	发布时间
1	饲料与食品安全法规	（EC）No 178/2002	2002-01-28
2	饲料和食品监管法规	（EC）No 882/2004	2004-04-30
3	动物营养中使用的添加剂	（EC）No 1831/2003	2003-10-18
4	欧盟饲料原料目录	（EU）No 68/2013	2013-01-30
5	饲料卫生要求	（EC）No 183/2005	2005-02-08
6	动物饲料中的不良物质	（EC）No 32/2002	2002-05-30

国内专门针对过期霉变饲料及饲料添加剂安全处置及回收利用的管理措施和法规要求并不多。已经陆续制定了《饲料和饲料添加剂管理条例》《新饲料和新饲料添加剂管理办法》《饲料质量安全管理规范》《饲料添加剂品种目录》《进出口饲料和饲料添加剂检验检疫监督管理办法》等法规及办法（表 5-3）。我国《饲料和饲料添加剂管理条例（2017 年修订）》在"生产、经营和使用"章节中明确规定："饲料、饲料添加剂生产企业发现其生产的饲料、饲料添加剂对养殖动物、人体健康有害或者存在其他安全隐患的，应当立即停止生产，通知经营者、使用者，向饲料管理部门报告，主动召回产品，并记录召回和通知情况。召回的产品应当在饲料管理部门监督下予以无害化处理或者销毁"。《饲料质量安全管理规范》（2017 年修订）在"产品投诉与召回"章节中明确规定："企业应当在饲料管理部门的监督下对召回产品进行无害化处理或者销毁，填写并保存召回产品处置记录。处置记录应当包括处置产品名称、数量、处置方式、处置日期、处置人、监督人等信息。"

表 5-3　法律法规发布情况

序号	名称	文号	施行时间	发布单位
1	进出口饲料和饲料添加剂检验检疫监督管理办法	2009 年 7 月 20 日国家质量监督检验检疫总局令第 118 号公布，根据 2018 年 11 月 23 日海关总署令第 243 号《海关总署关于修改部分规章的决定》第四次修正	2009-09-01	国务院

（续）

序号	名称	文号	施行时间	发布单位
2	饲料和饲料添加剂管理条例	1999 年 5 月 29 日国务院令第 266 号发布，2017 年 3 月 1 日国务院令第 676 号公布的《国务院关于修改和废止部分行政法规的决定》第五次修正	2012-05-01	国务院
3	新饲料和新饲料添加剂管理办法	2012 年 5 月 2 日农业部令 2012 年第 4 号公布，2016 年 5 月 30 日农业部令 2016 年第 3 号、2022 年 1 月 7 日农业农村部令 2022 年第 1 号修订	2012-07-01	农业部
4	饲料质量安全管理规范	2014 年 1 月 13 日农业部令 2014 年第 1 号公布，2017 年 11 月 30 日农业部令 2017 年第 8 号修订	2015-07-01	农业部
5	饲料添加剂安全使用规范	2009 年 6 月 18 日由农业部公告第 2045 号发布，农业部公告第 2625 号修订	2018-07-01	农业部
6	饲料添加剂品种目录	2013 年 12 月 30 日由农业部公告第 2045 号发布，农业农村部公告第 809 号修订	2024-07-18	农业农村部

目前，除国标外，辽宁省、吉林省开展了对过期及有毒有害的饲料及饲料添加剂的处理技术规范，形成了地方标准（表 5-4），具体为《过期饲料无害化处理技术规程》（DB 22/T 2340—2015）、《有毒有害饲料无害化处理技术规范》（DB 21/T 2328—2014），主要是围绕过期及有毒有害的饲料及饲料添加剂无害化处理及再利用进行了规范，提出了处理原则、防范措施及实施步骤。

表5-4 过期及有毒有害的饲料及饲料添加剂标准发布情况

序号	标准类型	名称	发布时间	发布单位	标准状态
1	国家标准	饲料工业术语 （GB/T 10647—2008）	2008-06-17	国家质量监督 检验检疫总局	现行有效
2	国家标准	饲料卫生标准 （GB 13078—2017）	2017-10-14	国家标准化管理 委员会 国家质量 监督检验检疫总局	现行有效
3	地方标准	有毒有害饲料无 害化处理技术规范 （DB 21/T 2328—2014）	2014-07-05	辽宁省质量 技术监督局	现行有效
4	地方标准	过期饲料无害化 处理技术规程 （DB 22/T 2340—2015）	2015-11-25	吉林省质量 技术监督局	现行有效

第五节 工作举措

饲料作为畜牧业的主要投入品，是动物健康和动物产品质量安全的源头，也是保障肉、蛋、奶等动物性食品安全的前提和关键。《饲料和饲料添加剂管理条例》对饲料和饲料添加剂的生产、经营和使用等作出了详细规定，但是在实际工作中，对微生物发酵饲料、混合饲料加工以及网络经营等新业态、新模式的监管还缺乏制度规范，产品批次划分、产品检验、留样观察等还存在制度空白，在一定程度上阻碍了饲料产业的快速发展。

2024年3月1日，山东省作为全国饲料加工生产和经营使用大省，为切实加强对饲料和饲料添加剂的管理，给动物产品和食品质量安全提供更加坚实的法治保障，出台了一部专门的省级政府规章——《山东省饲料和饲料添加剂管理办法》。

2024年4月28日，广西壮族自治区为加强饲料质量安全监管，规范饲料生产、经营和使用行为，努力提升养殖业产品质量安全水平，根据《中华人民共和国农产品质量安全法》《饲料和饲料添加剂管理条例》等法律法规和《农业农村部办公厅关于印发2024年饲料质量安全监管工作方案的通知》发布了《2024年广西饲料质量安全监管工作方案》，按照上下联动、分级负责的原则，健全饲料质量安全监管工作机制，统筹运用监督抽查、风险预警、现场检查、飞行检查和饲料标签专项检查等手段，创新工作方式方法，强化检打联动，严厉打击违法违规行为，维护公平竞争的市场环境，促进全区饲料行业健康有序发展。

2023年4月25日，青海省饲料及饲料添加剂专项整治行动全面启动，针对饲料及饲料添加剂等农业投入品生产经营使用环节出现的突出问题，坚持关注重点领域和关键环节，坚持严厉打击制售假、劣饲料等坑农害农行为，坚持杜绝饲料质量安全监管执法"宽松软"现象，重拳出击、源头治理，2023年累计排查24家饲料加工企业（门店），查封无证生产企业1家，查办2起假冒饲料案件，查获涉案产品30余吨，提出限期整改问题14条，突击检查饲料（兽药）经营门店46家次，排查各类饲料和饲料添加剂60种近千吨，依法查扣过期产品1000千克，排查销售未取得生产许可证和不合格饲料产品72.47吨，签订《饲料及饲料添加剂经营质量监管目标责任书》14份。

各省份举措见表5-5。

表5-5　各省举措

省份	举措	实施时间
四川省	实施饲料和兽药生产企业黑名单制度	2020.01.07
山东省	实施《山东省饲料和饲料添加剂管理办法》	2024.03.01
广西壮族自治区	发布《2024年广西饲料质量安全监管工作方案》	2024.04.28
青海省	全面启动饲料及饲料添加剂专项整治行动	2023.04.25

第六节　面临问题

一、过期饲料霉变

过期饲料作为农业生产资料废弃物的一种，会对动物健康产生影响，其最容易发生的问题是霉变，过期霉变严重危害饲料业及畜牧业生产过程。不同的饲料具有不同的保质期，如配合饲料一般是 1～2 个月，浓缩饲料 3～6 个月，预混合饲料 6 个月到 2 年不等，在保质期内使用饲料是安全的，企业对符合有关储存条件的产品质量负责。使用超过保质期的饲料则会存在不同程度的安全风险。如果超过保质期，尤其在保存条件欠佳时，饲料会发霉，导致畜禽食用后中毒，甚至死亡。同时，霉菌生长时会消耗饲料中的养分和能量，降低及损坏维生素、蛋白质和氨基酸，极少量的霉菌产生亦可破坏饲料风味，产生腐败的臭气，对动物健康造成不良后果。

二、饲料添加剂对自然和人体造成损害

饲料添加剂中的物质进入生态环境，在环境土壤、表层水体、植物和动物中蓄积、残留，如果处理不合理，会对生态环境产生严重危害性。

1. 对土壤及植物的影响

现代养殖业使用各种微量元素添加剂，特别是具有促进动物生长或调节生理和代谢的微量元素，如铜、铁、锌和砷等微量元素添加剂。据报道，畜禽饲料中较高剂量的微量元素，在一定区域内不能及时被植物转化利用，通过日积月累的营养富集，造成人类赖以生存的表层土层恶化。研究发现，饲料添加剂中微量元素对土壤植被的影响较大，这些金属元素在土壤中积累，从而对作物产生毒害作用，使作物减产。

2. 对水资源的影响

过期饲料添加剂中的有机物进入水体，使水体富营养化，破坏水域生态平衡，使水中微生物和藻类过度生长，引起鱼类的大量死亡。饲料添加剂中抗生素残留进入水中，可导致水环境中耐药菌数量显著增加，使水环境不仅成为耐药菌基因的存库，也成为其扩展的媒介。

3. 对环境的影响

进入环境的饲料添加剂中的物质，对环境产生多方面影响，同时也受环境的光、热、湿度和其他因素的作用，本身产生转移、转化或在植物、动物体内富集。

三、相关政策法规不完善

欧盟已经制定了《饲料与食品安全法规》《动物营养中使用的添加剂》等法律法规，主要是围绕饲料安全生产、管理使用、危害性分析等方面内容，对于过期饲料及饲料添加剂安全处置、回收、监管措施等还不明确。2020 年，联合国粮农组织（FAO）与国际饲料工业协会（IFIF）还联合修订出版了《饲料行业良好管理规范（Good Practices for Feed Sector）》，其中也未对过期饲料及饲料添加剂处置、回收、监管措施等进行规范化管理。国内管理措施和法规主要围绕饲料及饲料添加剂安全生产和使用方面，涉及过期饲料及饲料添加剂管理的主体、权利义务、经费投入、处置方式、监管措施等还不清晰，可操作性差，约束力不强。因此，在全国范围内制定霉变饲料及饲料添加剂安全处置及资源化利用国家标准就显得尤为重要。

第六章

兽药包装废弃物
安全处置回收

随着养殖业的发展和市场的需求，兽药使用量逐渐增加，从而带来了大量的兽药包装废弃物，如药品包装盒、瓶子、贴纸等。这些包装废弃物数量庞大，如果不得当处理，就会给环境和人类带来严重影响。一是安全隐患，兽药本身具有较强的毒性和危害性，如果容器存放不当，极易造成破裂、污染等事故，对人员乃至环境造成严重威胁。二是土壤污染，兽药包装废弃物如果随便处理，或者被丢弃在野外，会渗透到土壤中，其中的有害物质会严重污染土壤环境，给农业生产造成极大危害。三是水体污染，兽药包装废弃物被不当处理或者乱扔，会被雨水冲刷入水体中，对水生生物和人群都造成了不可逆转的影响。

第一节　兽药包装废弃物分布

依据 2020 年度兽用抗菌药销售量数据，假定销售量即为使用量，销售量数据由中国兽药协会收集，中国境内兽药生产企业、相关进口兽药代理商或进口兽药生产企业中国代表处填报。经分析，2020 年我国境内使用的全部抗菌药总量为 32 776.30 吨（表 6-1），其中我国境内兽药企业生产销售 37 722.06 吨，占比 99.29%，进口总量 232.78 吨，占比 0.71%。2020 年使用的兽用抗菌药中，单类别抗菌药品种数量最多的是磺胺类及增效剂、β-内酰胺类及抑制剂、氟喹诺酮类（均为 11 个）；最少的是林可胺类和安沙霉素类（各 1 个），分别是林可霉素和利福昔明。按兽用抗菌药类别计，使用量排名前三位的依次为四环素类，10 002.73 吨，占比 30.52%；磺胺类及增效剂，4 287.88 吨，占比 13.08%；β-内酰胺类及抑制剂，4 112.63 吨，占比 12.55%；使用量最少的是安沙霉素类（0.13 吨）。2020 年我国动物产品总计 19 861 万吨，使用的全部抗菌药总量为 32 776.30 吨，据此测算，每吨动物产品兽用抗菌药使用量约为 165 克。如果按照兽药最小销售单元包装规格 100 克为一个安瓿瓶（西林瓶）测算，产生 3 亿多个兽药玻璃瓶。

表 6 - 1 我国各类兽药抗菌药使用量

抗菌药物	国产销量 （吨）	进口销量 （吨）	出口销量 （吨）	使用总量 （吨）	使用量 占比（%）
四环素类	12 983.24	4.66	2 985.17	10 002.73	30.51
磺胺类及增效剂	4 303.68	0	15.81	4 287.88	13.07
β-内酰胺类及抑制剂	4 098.08	15.86	1.31	4 112.63	12.55
酰胺醇类	3 522.43	11.91	15.48	3 518.86	10.74
大环内酯类	3 181.74	98.54	13.97	3 266.31	9.97
氨基糖苷类	2 257.58	0.05	74.36	2 183.26	6.66
多肽类	3 690.77	0	1 754.69	1 936.07	5.91
截短侧耳素类	1 685.99	98.16	153.17	1 630.99	4.98
氟喹诺酮类	967.60	0.54	1.56	966.58	2.95
林可胺类	821.55	0	129.12	692.43	2.11
喹噁啉类	149.95	0	0.5	149.45	0.46
多糖类	59.32	3.04	33.67	28.98	0.09
安沙霉素类	0.13	0	0	0.13	0.00
合计	37 722.06	232.76	5 178.81	32 776.30	100.00

山东、四川、河南、湖南、广东、江苏、浙江等省是我国兽药生产大省。根据国家兽药基础数据库中兽药产品批准文号数据统计可知：2020年，共有 1 246 家企业的 18 778 条兽药产品批准文号申报通过，包含了 1 298 种兽药产品（以通用名统计为主）。2020 年，我国各省份兽药产品批准平均值约为 606 个，只有 7 个省份批准数超过平均值，24 个省份批准数在平均值以下；6 个省份兽药产品批准数超过 1 000 个，合计批准文号 13 078 个，占总批准文号的 69.6%。海南省和西藏自治区 2020 年没有兽药产品通过批准；四川省作为批准数最多的省份，领先于其他省份；山东省作为兽药生产大省，有 233 家企业的兽药产品通过批准，兽药批准数仅次于四川省。

从批准产品的公司数量来看，山东省兽药批准文号涉及公司最多，比 2019 年有所增加；云南省 2019 年只有 2 家企业有兽药批准文号，2020 年有 4 家企业拿到了兽药批准文号，增长幅度最大；上海增长幅度也较明显，由 17 家增长到了 26 家；山东省和河南省均比 2019 年多了 21 家公司拿到兽药批准文号，为公司数量增加最多的省；四川省平均每家公司拿到 39 个兽药批准文号，为企业兽药批准文号申报效率最高的省。

从批准产品的通用名种类来看，各省份兽药产品批准数种类的中位值为 174 个。有 11 个省份兽药产品批准种类数超过 200 个，山东省最多（有 640 种，占种类总数的 49.3%），四川省列第二（有 637 种，占种类总数的 49.07%）。有 8 个省份兽药产品批准种类数不足 50 个，各省份兽药产品批准种类差异较大。

第二节　兽药包装废弃物危险鉴定

兽药包装材料包括一是直接接触药品的包装材料、容器（包括油墨、黏合剂、衬垫填充）等，本类包装材料的管理应视同原料的管理。二是除直接接触药品的包装材料、容器外的材料，如包装盒、袋、箱、说明书及不直接与药品接触的盖子等。根据生态环境部《固体废物分类与代码目录》对应表规定，兽药外观大包装属于第二类医药废物，即从药品的生产和制作中产生的废物，包括兽药产品（不含中药类废物）。第四类为黏有农药及除草剂的包装物及容器。

根据《国家危险废物名录（2021 年版）》规定（表 6 - 2），兽用药品制造产生的医药废物（HW02）属于危险废弃物；非特定行业产生的医药废物、药品（HW03）属于危险废弃物，包括生产、销售及使用过程中产生的失效、变质、不合格、淘汰、伪劣的药物和药品（不包括 HW01、HW02、900 - 999 - 49 类）；非特定行业产生的其他废物（HW49）包括含有或沾染毒性、感染性危险废物的废弃包装物、容器、过滤吸附介质（900 - 041 - 49）。目录中还包括其他 2 种包装废弃物：环境事件及其处理过程中产生的沾染危险化学品、危险废物的废物；被所有者申报废弃的，或未申报废弃但被非法排放、倾倒、利用、处置的，以及有关部门依法收缴或接收且需要销毁的列入《危险化学品目录》的危险化学品（不含该目录中仅具有"加压气体"物理危险性的危险化学品)。

表 6-2　《国家危险废物名录（2021 年版）》

废物类别	行业来源	废物代码	危险废物
HW49 其他废物	非特定行业	900-041-49	含有或沾染毒性、感染性危险废物的废弃包装物、容器、过滤吸附介质
HW02 医药废物	兽用药品制造	275-008-02	兽药生产过程中产生的废弃产品及原料药
HW03 废药物、药品	非特定行业	900-002-03	销售及使用过程中产生的失效、变质、不合格、淘汰、伪劣的化学药品和生物制品

　　综上，对兽药包装实行分类管理，根据兽药包装的安全性和使用风险程度，将兽药包装分为一般固体废物和危险废弃物。兽药外层大包装属于一般固体废物，兽药内层小包装属于危险废弃物，特殊情况按照《固体废物鉴别标准　通则》《危险废物鉴别标准》确定。

　　在材质方面，兽药包装有玻璃瓶封装、注射剂安瓿瓶包装、回收输液瓶包装、无色塑料袋包装。对于在复合印刷生产过程中使用了有机溶剂的复合膜，应检测其残留在复合膜中的溶剂量。《包装用塑料复合膜、袋干法复合、挤出复合》（GB/T 10004—2008）规定，溶剂残留总量不得超过 5 mg/m^2，苯类溶剂不得检出（检出限为 0.01 mg/m^2）。在超标的产品中，检出的残留溶剂多为乙酸乙酯、丙酮、乙醇等挥发性溶剂。2015 年修订的《包装材料溶剂残留量测定法（YBB00312004—2015）》也提出苯类溶剂残留量必须小于 0.01 mg/m^2，国内现在一般都参照此指标。溶剂残留量的检测一般采用配备氢火焰离子检测器（FID）的气相色谱仪（表 6-3）。

表 6-3　溶剂残留量的检测仪器配置

序号	名称	型号	数量
1	气相色谱仪	GC-7820A	1 台
2	检测器	FID	1 个
3	色谱柱	溶剂残留柱	1 根
4	进样器	顶空进样器	1 套

（续）

序号	名称	型号	数量
5	色谱工作站	NETCHROM 工作站	1 套
6	标准样品	标样	1 套
7	气源	氮气、氢气、空气	1 套
8	计算机，打印机	—	1 套

第三节　兽药包装废弃物收集、运输和储存

一、收集

当前，各省份开展兽药包装回收试点的省市回收模式不一，代表模式有 2 种：一种是以上海为例，回收收集主要依托公立单位进行，这些单位受财政经费支持；另一种是以青海省为例，回收收集较为市场化（图 6-1）。

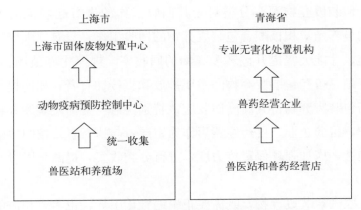

图 6-1　上海试点模式和青海省试点模式

但是上述 2 种模式也存在不足之处，回收的范围较少，制约了回收利用率。内蒙古自治区质量和标准化研究院提出了一种新的回收模式（图 6-2）。兽药回收站点，选址距离畜禽养殖场、屠宰加工场、动物交

易场所不少于 200 米，具有诊断、消毒、冷藏、常规化验、污水处理等器械设备，以及完善的服务、疫情报告、卫生消毒、药物和无害化处理等管理制度。在动物诊疗服务中，按照《执业兽医和乡村兽医管理办法》第十四条规定，乡村兽医在动物诊疗服务活动中，应当按照规定处理使用过的兽医器械和医疗废弃物。兽药回收站点应与经营区域与生活区域、动物诊疗区域应当分别独立设置，避免交叉污染。在每年 3—5 月、9—11 月春秋两季集中免疫期间，可采用养殖场（户）自行上交、第三方服务主体收集、政府购买服务等多种形式收集。

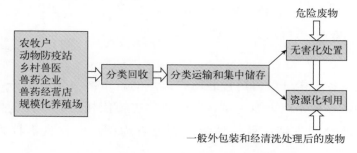

图 6-2　按照分类进行回收，分类处置的模式

　　兽药包装废弃物源头分类对于其回收工作的进行起着至关重要的作用。要动员养殖户积极配合包装废弃物的回收工作，只有广大养殖户积极参与收集，才能大幅提升包装废弃物的回收率。规模化养殖场、农牧户、动物防疫站是兽药包装废弃物的主要排放和直接拥有者，如何提高其能动性使兽药包装废弃物得到高度回收应该特别注意。兽药包装废弃物回收体系建设中，兽药企业、兽药经营店作为主导者与执行者，按照兽药包装分类和危险性，应加强环保宣传力度，进行分类收集，提高全民参与积极性（图 6-3）。

　　回收农药包装废弃物，既需要正确的宣传引导，也需要相应的政策扶持和激励机制。吉林省东丰县农药兽药废弃包装物补助标准，回收价格标准为：塑料兽药瓶，容积在 200 毫升以下、200 毫升（含）以上分别按 0.3 元/只、0.5 元/只进行回收；农药、兽药包装袋，内容物重量 50 克以下、50 克（含）以上分别按 0.1 元/只、0.2 元/只进行回收；玻璃瓶按

苏尼特羊规模化养殖场　　　　　　　　赤峰市动物防疫

通辽市规模化养牛场　　　　　　　　　赤峰市兽药经营点

图 6-3　兽药包装废弃物回收利用

5.0元/千克进行回收。济南市高新区社会事务局委托第三方支付相应费用，农药瓶、兽药瓶 0.5 元/个，农药包装袋、肥料包装袋、兽用疫苗瓶 0.2 元/个，农膜 1 元/千克，对上交单位或个人进行补贴，激励作用明显。

针对大量资金投入，尤其是兽药中小企业难以承受的问题，德国的双轨制回收系统具有很好的参考借鉴价值，实践中可以成立一个第三方非营利性公司来专门负责回收再利用兽药包装废弃物，由兽药生产企业、经营企业负责分摊这个公司的运行费用，并按计划收回。

二、运输和储存

应利用固定并能锁断的库房堆积回收物品，注意防雨防漏和失窃。运输收储单位必须设有专门的存储仓库和专业运输车，存储仓库醒目位置张贴警示标志，配置必要的消防器具，须做好消防安全及防雨防漏工作。无害化处置单位必须为生态环境部门审批的专业处置单位。回收、运输及处置兽药包装废弃物时，工作人员必须按技术规程安全操作，做好个人防护，防止残留兽药造成对人体的伤害（图6-4、图6-5）。

图6-4　危险货物运输　　　　　　　图6-5　额济纳旗存储站

第四节　兽药包装废弃物安全处置方式

一、预处理技术

常规情况下，兽药包装危险废物的种类较为复杂，同时形状与体积、基础特性均存在显著差异。因此，为尽可能提高处理效果，使其危险性能够得到充分控制，应当采取预处理技术方案，使各种兽药危险废物的体积能够得到有效缩减，同时分离内部粉状残留药和液体兽药。通过此类措施，能够有效改变兽药废物实际状态，并降低其浸出毒性级别，为后续执行其他处理提供基础条件。此外，预处理技术措施还能够为分类收集、废物利用创造便利条件，能够为后续兽药包装资源化与降低处理成本提供重要支持（图6-6）。

1. 物理方案

物理预处理方式主要包括电选、浮选、重选3种基础路线，其能够实现分离与固化转变目标，能够使得兽药包装危险废物得到充分处理。物理

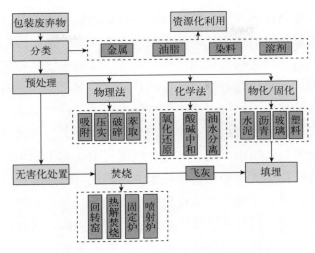

图 6-6　兽药包装废弃物处置流程

固化措施能够使废物得到充分固定，有利于控制内部污染兽药成分，避免后续渗出产生负面污染。同时，物理处理方式还可以包裹废物中存在的兽药成分，能够降低兽药的迁移性。在物理方案的发展过程中，新型基材为其带来了全新的应用路径。这些全新基材类型可以有效强化物理效果，有利于降低危险废物的污染性，具有重要应用价值。

2. 化学处理

化学方案属于较为常用的预处理措施，其具有广泛适应性，能够实现高效处理目标。常见的化学应用方案包括油水分离、氧化还原等，通过采用此类措施，可以有效改变兽药危险性废物中存在的化学、生物、中成药物质，使其性质发生显著转变，降低危险级别。此类方案通常用在预处理环节，但整体实施复杂性较高，同时有一定程度的风险性，基础成本消耗大，因此，无法在大规模的处理中进行应用。在预处理阶段，需要结合化学、生物、中成药废物的实际类型与处理需求进行分析，探索化学方案的预处理应用方式。

3. 生物处理

生物预处理方案属于一种全新的应用方式，其能够利用微生物对特定兽药包装危险废物进行处理，使其内部的有机物质得到充分分解，进一步提高废物与自然环境的适应性。此类处理方案环保性强，同时成本需求相对较低，能够达到理想的预处理效果，因此，在很多领域得到了应用。微生物和动植物的新陈代谢可以分解兽药包装废弃物里面各种有机物回收的化学物质，这种技术方法可以通过生物厌氧预处理技术完成。它非常适合用来处理含有较高浓度有机质的兽药包装危险废物。生物厌氧处理方法主要包括极性好酸臭氧废水堆肥、厌酸臭氧废水消化和生物兼性厌酸臭氧废物处理。与传统化学厌氧处理这种技术方法相比，物理厌氧处理技术操作简单，成本低。但由于物理厌氧处理操作周期长、效率不稳定。在生物预处理过程中，受限于环境条件或危险废物种类等原因，其经常需要花费大量时间进行处理。因此，虽然此类预处理方式效果稳定，但其不适用于部分存在高效处理需求的废物类型，在实际工作阶段应当结合实际条件进行灵活调整。

4. 其他处理技术

等离子体处理技术，通过等离子体炬等加热设备，进一步加热兽药包装废物到各种超高温。在正常情况下，温度不会超过 5 000℃。但在核心位置的实际温度可能会达到近万度。由于等离子体处置技术的特点，极高的温度下可以将残留兽药进行快速热解，同时剩余的无机物与其他玻璃废物发生融合，形成较为稳定的玻璃体，有效防止无机物对周边环境的影响，同时也可以被利用到一些基础工程建设当中，如作为修路过程中的底料。水泥窑或工业炉协同，利用水泥窑或工业炉自身特点，对特定兽药包装危险废物进行协同处置。高温蒸汽灭菌处理技术，是在高温下使用蒸汽对残留兽药包装进行消毒。此方法主要针对治疗传染性疾病的兽药废物，能够在不采用焚烧或热解的情况下对现有兽药包装废物进行有效灭菌。

二、焚烧处理技术

按照兽药包装废弃物分类和危险性，将与兽药直接接触的兽药内包装和最小单元兽药包装进行焚烧处理，以回收能源为目的。选择焚烧处理时，要考虑经加工预处理的兽药包装废弃物必须具有大致相当于纸和木材的能源值。兽药包装废弃物的焚化应通过符合环保要求及有关标准规定的焚化装置进行，并做到使其充分燃烧，不产生有害气体，烟尘少，以防止对环境造成二次污染。焚化过程中的废气排放标准应符合《大气污染物综合排放标准》（GB 16297）的要求。焚烧处理的主要原理是通过焚烧对兽药内包装、兽药最小单元包装废物进行减量化处理，焚毁去除率可达 99.99%，焚烧残渣（炉渣、飞灰）进行固化填埋处置（图 6-7）。其工艺流程是：首先对根据兽药内包装废物的包装、材质、形态、热值、硫含量、氯含量、水分、闪点，进行科学配伍，进行相

图 6-7 焚烧处理

容性测试，无异常后大量兽药包装危险废物物料进入混合，搅拌均匀，行车抓斗抓起物料送入倾斜（前高后低，倾斜角度 5°）的回转窑，燃尽的炉渣从转窑尾部经过水封出渣机出渣，高温烟气则进入二燃室再次燃烧、燃尽。高温烟气经过预热锅炉进行换热，热能回收利用；烟气经过急冷塔快速降温，减少二噁英的生成；烟气经过干法脱酸、活性炭吸附、旋风除尘、布袋除尘、湿法脱酸、静电除尘、尾气加热、在线检测、达标排放。目前，这种针对兽药内包装、兽药最小单元包装废物的焚烧工艺较为成熟，但存在燃料利用率低、投资高等缺陷。

三、卫生填埋技术

兽药包装废物稳定化、固化填埋处置属于当前应用较为广泛的技术方案之一，其主要目的是将兽药包装废物与自然环境相隔离，从而阻断两者之间产生影响的主要渠道。填埋处置技术主要针对符合国家填埋标准的兽

药包装废物，可填埋处置的兽药包装废物在填埋处置前须经过《危险废物鉴别标准》的要求进行 TCLP（Toxicity Characteristic Leaching Procedure）的检测，以确定具体的填埋处置工艺路线，或直接进行安全填埋，或经过稳定化固化工艺后复检，使其符合直接填埋要求。

在填埋处理过程中，需要保证外部环境存在的物质与内部废物处于隔离状态，避免水分或其他成分进入兽药包装废物内部，导致化学、物理变化产生，如渗滤液、废气等。在常规情况下，兽药包装废物应用填埋处置时，需要保证其屏障设置符合科学标准。例如，可以采用地质屏障、废物屏障、密封控制三重设计方式，使兽药包装废物能够在填埋场内得到安全的储藏、隔水与处理。在应用此类技术的过程中，选择合适的填埋场区域属于较为关键的实施需求。

按照填埋场的构造方式，目前可以分为柔性填埋场和刚性填埋场 2 种。通过科学设置衬层系统，能够使兽药包装废物得到安全处置，避免其危害生态环境。衬层系统的核心功能是控制兽药包装废物渗滤有毒有害液体，使其能够封闭在填埋场内，并进入收集处理系统进行无害化处置。同时，还可以有效控制兽药气体的扩散，并使地下水能够处于正常压力状态，避免其进入填埋场，导致渗滤液大幅增加。

四、再生处理

可复用的兽药包装废弃物应进行合理分类回收，在施加处理后重新加以使用。对于可再生处理的包装废弃物，应在分类回收后的基础上，采用合理的技术与方法进行再生处理。

1. 玻璃瓶重复利用

玻璃包装容器的废弃处理与利用可通过回收复用或重新熔化再生进行。玻璃包装废弃物进行再生处理时必须保证原料的纯度。玻璃包装废弃物进行回收并在预处理前，应对其进行颜色挑选，并通过分离装置去除容器上的标签或其他辅助物。兽药玻璃瓶上之前的标签残留的胶很难清除，光学环保除胶剂渗透力强，对胶质物的溶解、剥离速度快，且不易燃、不易爆，环保安全，适合于光学镜片接合工序产生的溢胶等造成的玻璃边缘及表面附着胶体去除，能有效替代人工擦胶作业，显著提升工作效率。

具体推荐工艺控制技术如下：光学环保除胶剂，80～90℃浸泡10分钟；10分钟后，手工把黏得很紧的胶布撕掉；光学环保除胶剂，80～90℃超声波清洗15～20分钟至黏胶溶解并被清除掉；70～80℃热水超声波清洗2～3分钟；50～60℃温水洗1次；常温水洗1次；热风吹干。

2. 纸质材料再生

兽药外包装的纸张、纸盒、纸箱、纸基缓冲材料、纸浆模塑制品等兽药外包装废弃物的处理与利用，可通过回收复用、再生、填埋等方法进行处理。对于不易分离处理而成为工业固体废物的纸包装废弃物，可通过焚化方法进行处理。纸包装废弃物的处理与利用应避免各种杂质（如塑料、胶料、油墨、黏合剂等）对纸制品回收和再利用的影响，并限制使用无法回收的成分（如乳胶和不溶于水的胶料、镀塑纸等）。废纸箱回收主要是送到造纸厂，作为造纸的原料。现在全球都处于资源紧张的状态，为了节约资源，避免浪费，纸制物品回收以后，会重新做成纸浆，然后再做成可利用的纸制物品。

回收利用过程：废纸在打浆机中与水混合，形成糊状的纸浆。向纸浆中注入空气，使得纸浆中的墨水附着在空气气泡上，进而漂浮在纸浆表面，这样便于将纸浆中的墨水排出。随后，利用压制机将纸浆中的水分排出，并利用螺旋运送机对纸浆进行切割，再借助含有过氧化物的脱色剂把纸浆漂白，并在清水中将纸浆冲洗干净，最后在纸浆中加入化学湿强剂，将纸浆塑形成纸张。

处理过程中，对其可采用由氧化物替代单体氯漂白的纸制品，以消除氯对人体及环境的污染。在处理后的回收废料中，加入胶黏剂、阻燃剂或一定比例的化学添加剂等制成包装用材料。利用回收废纸，通过搅磨成浆、吸塑及固化成型，制成包装用材料。通过脱墨、纤维净化、清除杂质、再造等处理做成再生纸制品（图6-8）。再生造纸生产过程中的环保标准，应符合《制浆造纸工业水污染物排放标准》（GB 3544—2008）的要求。

压缩打包　　　　　　　　　　　再生纸

图6-8　纸质材料再生

3. 塑料包装材料再生造粒

当前兽药塑料包装瓶常用的主要原料有聚丙烯（PP）材质及聚乙烯（PE）等材质，常见形状有圆形、方形、管状等（图6-9）。塑料兽药包装瓶的处理与利用可通过材料再生进行（图6-10）。废旧塑料瓶回收的过程包括收集、分拣、清洗、干燥、粉碎、再生造粒和成型，目前造粒工艺包括无熔造粒、湿法造粒、干法造粒（图6-11～图6-13）、有机溶剂辅助软化造粒、复合再生造粒和热风循环加热熔融造粒等。进行回收复用时，包装废弃物应保证强度、功能、阻隔性等技术指标符合有关标准或规定。

图6-9　兽药塑料包装瓶

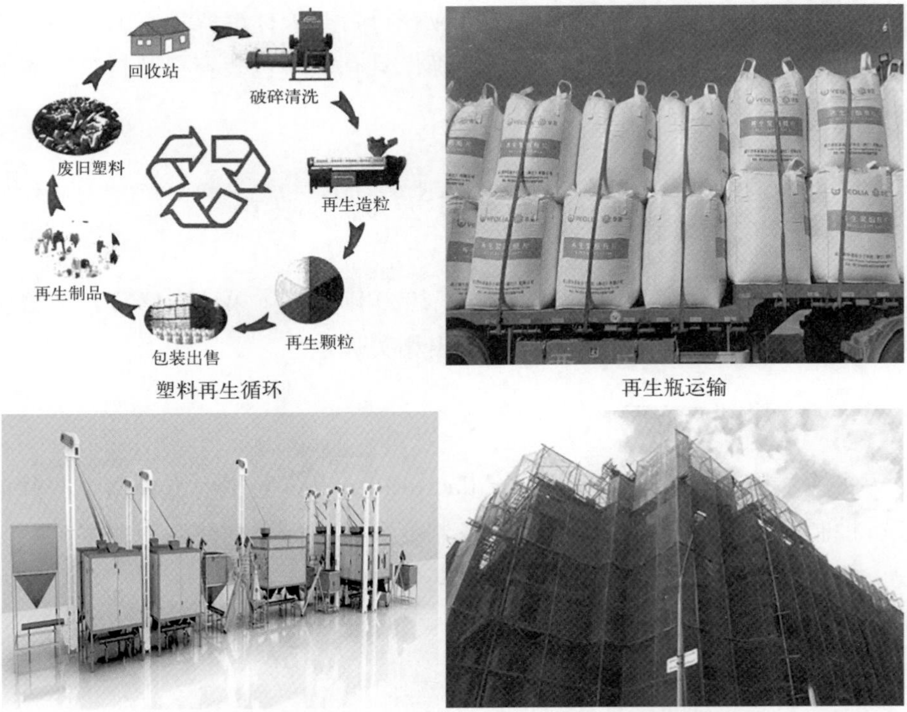

塑料再生循环

再生瓶运输

塑料瓶分拣过程

再生用于建筑防护网

图 6-10　塑料包装瓶材料再生

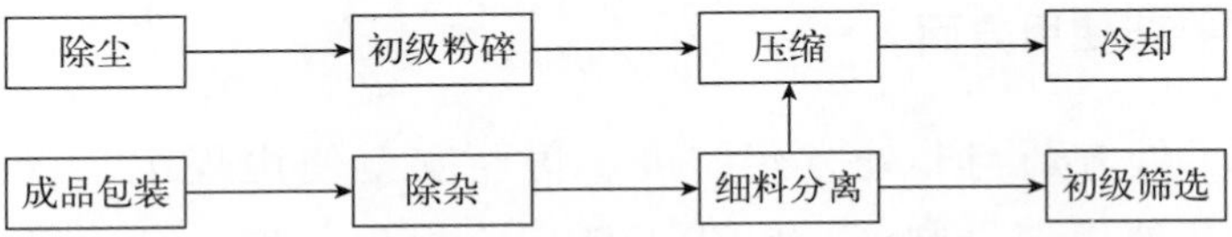

除尘 → 初级粉碎 → 压缩 → 冷却

成品包装 → 除杂 → 细料分离 → 初级筛选

（细料分离 → 压缩）

图 6-11　无熔造粒工艺流程

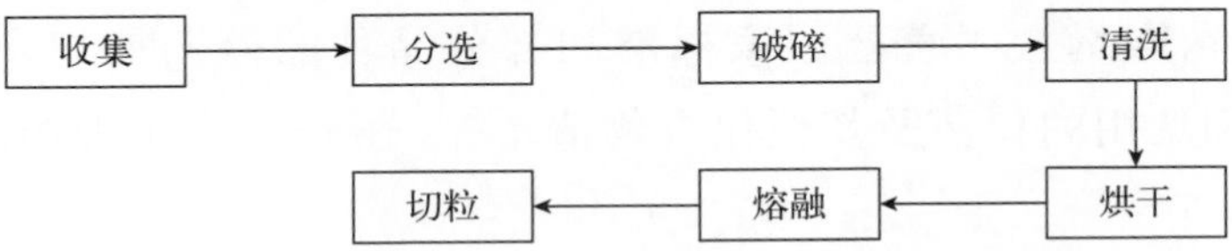

收集 → 分选 → 破碎 → 清洗

切粒 ← 熔融 ← 烘干

图 6-12　湿法造粒工艺流程

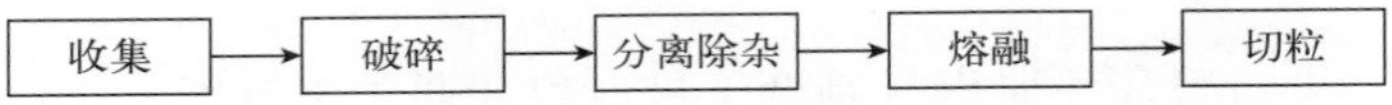

收集 → 破碎 → 分离除杂 → 熔融 → 切粒

图 6-13　干法造粒工艺流程

塑料兽药包装废弃物的再生处理应在符合有关标准或规定的专用设备上进行，使用添加剂进行处理时，应确保具有塑料包装容器及材料所需的性能，同时，必须清除杂质及混合物。

第五节　法律法规与政策

2004 年施行了《兽药管理条例》，2020 年进行了第三次修订，从兽药研发、生产、经营、使用等方面均作出相关规定。

1. 在兽药生产方面

实施了兽药 GMP（Good Manufacture Practice）制度、兽药生产许可证审批制度、兽药产品批准文号核发制度和兽药标签和使用说明书审批制度、兽用生物制品批签发制度、新兽药监测期制度等。

2. 在兽药经营方面

实施了兽药经营质量管理规范制度、兽药经营许可证审批制度、兽药广告审批制度。

3. 在兽药使用方面

实施了处方药与非处方药制度、兽药安全使用规定、兽药休药期制度、兽药使用记录制度、兽药不良反应报告制度、动物及动物产品兽药残留监控制度、《饲料药物添加剂使用规范》、《动物性食品中兽药最高残留限量》、《兽药国家标准和部分品种的停药期规定》，以及《食品动物禁用的兽药及其他化合物清单》，还有动物源细菌耐药性监测等工作。

4. 在兽药进口方面

实施了进口兽药注册审批制度、进口兽药通关单制度、进口兽用生物制品报验制度等。

5. 在兽药包装废弃物回收模式方面

在国外，可见报道和查询到的关于兽药包装废弃物回收的国家主要是澳大利亚。澳大利亚的兽药化学品及容器的收集工作由澳大利亚国家作物保护和动物保健协会子公司奥格仕有限公司（Agsafe）负责。奥格仕有限公司实施的奥格仕守护计划适用于兽药从生产地到销售点之间的安全储藏、操作、运输和销售活动。兽药包装废弃物收集分为免费收集和付费收集。

在国内，2009 年，上海市农业委员会、上海市财政局、上海市环境保护局联合发布了《关于本市农药包装废弃物回收和集中处置的试行办法》，在农药包装废弃物回收的基础上，也逐渐重视养殖业中使用的兽药、动物疫苗等兽药包装废弃物的回收与处置工作。

2021 年 10 月，农业农村部发布《全国兽用抗菌药使用减量化行动方案（2021—2025 年）》，其中以生猪、蛋鸡、肉鸡、肉鸭、奶牛、肉牛、肉羊等畜禽品种为重点，稳步推进兽用抗菌药使用减量化行动。并规定到 2025 年末，50％以上的规模养殖场实施养殖减抗行动，确保"十四五"时期全国产出动物产品兽用抗菌药的使用量保持下降趋势，肉、蛋、奶等畜禽产品的兽药残留监督抽检合格率稳定保持在 98％以上，动物源细菌耐药趋势得到有效遏制。预计在此政策下，我国兽用抗菌药的使用量将进一步下降。

第六节　工作举措

一、具体操作

2022 年，各地着力推行兽用抗菌药减量行动计划，组织生猪、蛋鸡等 16 个畜禽品种 2.1 万余家养殖场实施"减抗"实践，成效显著。

1. 坚持源头治理

准入环节实施"四不批一鼓励"，即不批准人用重要抗菌药、用于促生长的抗菌药、易蓄积残留超标的抗菌药和易产生交叉耐药性的抗菌药作为兽药使用，鼓励研发新型动物专用抗菌药。发布实施新版兽药良好生产规范（GMP），全面提升兽药生产质量管理水平。发布蛋鸡、肉鸡养殖安全用药管控技术性指导意见、食品动物中禁止使用的药品及其他化合物清单和兽药使用记录样式，规范养殖用药。实施药物饲料添加剂退出行动，2021 年实现全面停止使用促生长类抗菌药物饲料添加剂。

2. 深化检打联动

落实兽药质量监督、残留监控等措施，年均抽检约 2 万批次，兽药抽检合格率和畜禽产品兽药残留抽检合格率均达 98％以上，不合格兽用抗菌药和违规使用抗菌药行为得到及时查处，鸡肉、鸡蛋等重点品种兽药残留检测合格率显著提升。

3. 推进"减抗"实践

2022 年，农业农村部组织 316 家养殖场开展兽用抗菌药使用减量化试点，223 家养殖场试点达标，遴选减抗典型模式向全国进行推广。印发《全国兽用抗菌药使用减量化行动方案（2021—2025 年）》，全面部署实施"十四五"兽用抗菌药减量化工作。印制"兽用抗菌药使用减量化达标养殖场"标识，促进优质优价。

4. 强化宣传培训

组织"科学使用兽用抗菌药"百千万接力公益行动和系列公益直播活动，直达养殖场（户）宣传安全用药知识，900 万人次通过网络直播收看。组织 6 个畜牧兽医相关行业协会联合发出全链条实施减抗行动倡议，全社会基本形成合理用药共识。

二、地方典型

1. 青海省

青海省为推进农药兽药包装废弃物回收和集中处置，保护全省农牧业生产安全和农村牧区生态环境，避免农药兽药包装废弃物随意丢弃对人畜安全造成隐患，促进绿色农牧业健康发展，发布了《农药兽药包装废弃物回收处置试点方案》，在全省部分地区启动农药兽药包装废弃物回收处置试点。

2. 山西省

山西省临汾市吉县为了进一步搞好生态环境治理，防止农业面源污染，有效解决全县农（兽）药包装废弃物污染问题，保障公众健康，保护生态环境，根据《中华人民共和国土壤污染防治法》《中华人民共和国固体废物污染环境防治法》《农药管理条例》《兽药管理条例》《农药包装废弃物回收处理管理办法》等法律法规，紧密结合吉县实际，制定《吉县农（兽）药包装废弃物回收处理实施办法（试行）》。

3. 浙江省

浙江省温州市苍南县为改善农村生态环境，减少农业安全生产隐患，保障全县农业健康可持续发展。按照省委、省政府"五水共治"总体部署和《浙江省关于创新农药管理机制保障农产品质量及生态安全的意见》《浙江省农药废弃包装物回收和集中处置试行办法》等文件精神，结合美丽苍南建设行动、省级农产品质量安全放心县创建和现代生态循环农业发展等工作要求，修订《苍南县农药（兽药）废弃包装物回收和集中处置工作实施方案》。

4. 河北省

2020 年，河北省保定市农业农村局通过对黑龙江宝清县和四川青神县农药包装废弃物押金制回收模式的深入调研和实地考察，最终选定了"农药兽药包装废弃物押金制回收处置机制"建设模式，在涿州市、高碑店市、安国市 3 地进行农药兽药包装废弃物押金制回收处置试点建设。2020 年，保定市政府印发了《保定市农药兽药包装废弃物押金制回收处置的实施方案》。试点县已完成农药兽药包装废弃物情况调查、农药兽药经营者底数和分布区域调研、农药兽药包装废弃物回收数量和田间遗弃数量测算等工作，对农药兽药销售门店无证经营等行为进行取缔，规范了市场经营秩序，并制定了试点县《回收处置实施方案》，成立了试点县农药包装废弃物回收工作领导小组，专项推进回收试点建设工作，同时负责农药兽药包装废弃物回收的宣传和培训等相关工作。

第七节　面临问题

目前，我国兽药使用还存在科学性有待提高、回收体系亟待完善、回收机制亟待健全、处置政策规范需完善等问题。

1. 兽药包装废弃物产生量统计不清

我国兽药市场规模到 2027 年预计达到千亿元级别，但是兽药去向较杂，涉及使用主体较多，包括宠物店、居民家庭和农业生产过程中涉及的养殖场、放牧户等，因此，有统计难度大、政策制定缺乏统计依据等问题。

2. 法律制度需进一步健全

兽药生产管理经营的法律法规较多，农业和环保部门专门对兽药定位、回收和处置出台的规章较少，造成实际工作中缺乏依据，兽药包装行业回收体系建设、管理组织、法律监督、财政补贴或税费优惠激励等政策需进一步完善。

3. 实施力度须进一步加大

2016 年，农业部、国家发展改革委等六部门联合下发《关于推进农业废弃物资源化利用试点的方案》。聚焦畜禽粪污、病死畜禽、农作物秸秆、废旧农膜及废弃农药包装物 5 类废弃物，着力探索构建农业废弃物资源化利用的有效治理模式。兽药包装废弃物具有特殊性和量大的特点，是控制农业农村面源污染的重要方面，因此，建议加大政策推进力度，鼓励各地实施兽药包装废弃物回收。

第七章

《农业废弃物资源化利用
农业生产资料包装废弃物
处置和回收利用》
国家标准解读

第一节 标准起草过程

一、标准准备与预研阶段

《农业废弃物资源化利用 农业生产资源包装废弃物处置和回收利用》（GB/T 42550—2023）基于 2018 年立项的国家重点研发计划项目《农业清洁与循环生产共性技术标准研究》（国科议程办字〔2018〕14 号），项目名称为"农业清洁与循环生产共性技术标准研究"。该项目的主要任务目标之一就是研究并制定农药、兽药、肥料等农业生产资料包装废弃物处置与回收利用国家标准。

该项目于 2018 年立项，在项目单位指导下，农业农村部农业生态与资源保护总站组织相关课题参与单位的专家成立标准起草组，明确了标准研制目标、主要内容、人员分工，制定了时间表和技术路线，开展大量前期预研究、文献调研和专题调研，并初步形成了农业生产资料包装废弃物管理术语、农药包装物安全处置与回收、农用废旧地膜回收及再生利用、兽药包装废弃物安全处置及利用、过期饲料及饲料添加剂安全处置及利用5 项系列技术规范。

二、标准立项与起草阶段

2020 年 7 月和 12 月，在中国标准化研究院食品与农业标准化研究所指导下，全国产品回收利用基础与管理标准化技术委员会（SAC/TC 415）先后 2 次组织本标准起草组向国家标准化管理委员会申报立项。2021 年 1 月，通过国家标准技术审评中心的网络申报和视频答辩，专家意见为"建议通过"，并建议前期研制的 5 项标准进行合并，同时建议名称改为《农业废弃物资源化利用 农业生产资料包装废弃物处置和回收利用》。2021 年 2—4 月，标准起草组在单项标准基础上，根据两次国家标准技术审评中心专家意见，重新制定标准框架，梳理研究内容，对标准整合和起草工作进行了多次研究和部署，作了针对性修改，形成了《农业废弃物资源化利用　农业生产资料包装废弃物处置和回收利用》（初稿）。2021 年 8 月，国家标准化管理委员会发布《国家标准化管理委员会关于下达 2021 年第二批推荐性国家标准计划及相关标准外文版计划的通知》（国标委发〔2021〕23 号），下达了《农业废弃物资源化利用　农业生产资料包装废弃物处置和回收利用》推荐性国家标准项目任务。

《农业废弃物资源化利用　农业生产资料包装废弃物处置和回收利用》标准任务下达后，在前期研究工作基础上，起草组成员通过视频会议进一步明确了标准适用范围、原则、内容，确定标准体系框架，完善标准本文内容，形成了《农业废弃物资源化利用　农业生产资料包装废弃物处置和回收利用》标准草案及编制说明。

三、标准征求意见阶段

2021 年 12 月 17 日，标准起草组通过视频会议的形式再次召开标准征求意见前的技术研讨会。会议邀请中国标准化研究院、中国人民大学、天津理工大学、中国品牌建设促进会、中国农药工业协会、先正达集团现代农业科技有限公司等标准化领域专家对标准进行指导，会后起草组进行了相应修改完善，形成《农业废弃物资源化利用　农业生产资料包装废弃物处置和回收利用》征求意见稿。2022 年 1—3 月，在国家标准化管理委员会官网进行 3 个月公开征求意见，发送征求意见稿的单位数共 13 个，回函单位数为 13 个，回函并有建议或意见的单位数 13 个，没有回函的单位数 0 个。收集、梳理和吸收相关意见建议后，进一步完善《农业废弃物资源化利用　农业生产资料包装废弃物处置和回收利用》征求意见稿。

为做好《农业废弃物资源化利用　农业生产资料包装废弃物处置和回收利用》等 4 项标准送审工作，推进"农业清洁与循环生产共性技术标准研究"项目实施，中国标准化研究院在 2022 年 3 月 23 日以视频形式，召开标准送审前的最后一轮征求意见会，邀请近 10 位全国产品回收利用基础与管理标准化技术委员会（SAC/TC 415）的委员提出了修改意见。标准编制组作了最后修改完善，形成《农业废弃物资源化利用 农业生产资料包装废弃物处置和回收利用》送审稿。

四、标准审查报批阶段

2022年5月10日，全国产品回收利用基础与管理标准化技术委员会（SAC/TC 415）在北京以视频会议形式组织召开了《农业废弃物资源化利用 农业生产资料包装废弃物处置和回收利用》送审稿审查会。审查组本着科学求实、认真负责的原则，对标准送审稿的各项内容，进行了充分、细致的讨论和逐章、逐条的审查，提出修改意见。审查组一致同意该标准通过审查。建议起草单位根据审查修改意见对标准送审稿进行修改后形成报批稿，报国家标准化管理委员会作为推荐性国家标准批准、发布。全国产品回收利用基础与管理标准化委员会委员共计28人，审查组由22位专家组成，其中委员或委员代表21人，达到3/4。

标准起草组根据专家意见进行了修改完善，形成标准报批稿。2022年9月1日，全国产品回收利用基础与管理标准化委员会将修改后的国家标准《农业废弃物资源化利用 农业生产资料包装废弃物处置和回收利用》报批稿提交全体委员进行系统投票表决，委员共计28人，其中23人参与投票并赞成通过，投票率达到82%。秘书处于2020年10月完成该标准报批。

第二节 编制原则

为使《农业废弃物资源化利用 农业生产资料包装废弃物处置和回收利用》内容科学、合理并符合行业特征，项目组坚持贯彻以下编制原则。

一、规范性原则

本标准按照《标准化工作导则 第1部分：标准化文件的结构和起草规

则》（GB/T 1.1—2020）的要求进行编写，保证标准形式和内容的规范性。

二、科学性原则

本标准在制定过程中采用资料收集、实地调研、数据分析、技术验证等多种研究方法，按照全生命周期和全流程管理思路，从农业生产资料包装物的设计、使用，再到废弃物的收集、储存、运输、资源化利用以及无害化处置，都提出了技术要求，做到方法科学、过程周密严谨、技术要求明确。

三、协调性原则

本标准属于农业废弃物综合利用领域标准之一，经过实地调研和广泛征求意见，与国家固体废物管理、环境保护、农业生产等相关方面的法律法规、政策文件、技术规范的理念、条款进行了考虑，确保与其他现行国家（行业）标准协调衔接，形成相互支撑、内容连贯的标准体系。

四、操作性原则

本标准为农业领域的国家标准，在制定标准时，既对农业生产领域包装废弃物的种类、特征和技术经济特点进行了全面考虑，又把全国农业生产资料包装废弃物回收处理试点经验做法充分借鉴吸收到标准中，在体现标准共性技术特征的同时保证了标准的可操作性。

第三节　主要内容

本标准聚焦农业生产资料包装废弃物，以农业生产资料包装废弃物全流程管理为主线，按照"从哪来、到哪去"的原则，从分类、收集、储存、运输、资源化利用、无害化处置等方面确定该标准框架，如图 7-1 所示。

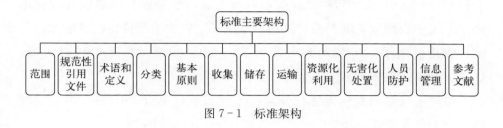

图 7-1 标准架构

一、范围

明确规定了农业生产资料包装废弃物处置和回收利用的分类、基本原则、收集、储存、运输、资源化利用、无害化处置、人员防护和信息管理所应遵守的要求。指出本标准适用于农药、兽药、肥料、饲料、种子等包装废弃物，以及废旧地膜的回收、处置和利用，可简单概括为"两药、两料、一种、一膜"。

二、规范性引用文件

列出了在标准中所引用的国家标准、行业标准，引用文件涵盖了包装技术、回收技术、污染控制以及环境标识等内容。

三、术语和定义

本标准界定了 4 条术语和定义，包括农业生产资料（Agricultural production means）、农业生产资料包装废弃物（Packaging waste of agricultural production means）、回收利用（Recovery）、无害化处置（Sanitation treatment）。具体如下。

参考《农业生产资料供应服务 农资配送服务质量要求》（GB/T 37680—2019）关于农业生产资料的阐述，修改定义了"农业生产资料"。

参考《包装与包装废弃物 第 1 部分：处理和利用通则》（GB/T 16716.1—2008）关于包装废弃物，以及《农药包装废弃物回收处理管理办法》关于农药包装废弃物的阐述，定义了"农业生产资料包装废弃物"。

直接引用了《包装与包装废弃物 第 1 部分：处理和利用通则》（GB/T 16716.1—2008）标准中"回收利用"定义。

参考了《畜禽粪便无害化处理技术规范》（GB/T 36195—2018），修改定义为"无害化处置"。

四、类别划分

经研究，农业生产资料包装废弃物类别划分主要由危害特性、农业生产资料类型、包装材质 3 个要素决定，本标准确定了农业生产资料包装废弃物的分类原则以及对应的分类情况，构建形成了"2＋7＋6"三级分类框架，便于农业生产资料包装废弃物分类回收。具体如下：一级分类主要根据农业生产资料包装废弃物是否有害，分为可回收废弃物和有害废弃物。二级分类主要依据农业生产资料类型，分为农药包装废弃物、兽药包装废弃物、饲料包装废弃物、肥料包装废弃物、废旧地膜废弃物、农机具包装废弃物和种子包装废弃物 7 类。三级分类主要依据材质类型，分为纸、塑料、金属、玻璃、木质、其他可回收 6 类（表 7-1）。

表 7-1　农业生产资料包装废弃物"2＋7＋6"三级分类

一级分类	二级分类	三级分类
可回收废弃物	肥料包装废弃物	纸质、塑料、金属、玻璃、木质、其他可回收
	饲料包装废弃物	纸质、塑料、金属、玻璃、木质、其他可回收
	废旧地膜废弃物	纸质、塑料、金属、玻璃、木质、其他可回收
	农机具包装废弃物	纸质、塑料、金属、玻璃、木质、其他可回收
	种子包装废弃物	纸质、塑料、金属、玻璃、木质、其他可回收
有害废弃物	农药包装废弃物	纸质、塑料、金属、玻璃、木质、其他可回收
	兽药包装废弃物	纸质、塑料、金属、玻璃、木质、其他可回收

因为农业生产资料类型种类繁多，农药、兽药、肥料、饲料、废旧地膜体量较大、非有机质多、环境风险大、最具代表性，本标准在研制过程中，主要以农药、兽药、肥料、饲料的包装废弃物和废旧地膜的处置和回收利用为主要研究内容，种子和农机包装废弃物可参照本标准中的可回收包装废弃物的处置和回收利用方式。

五、总体要求

本标准采用全生命周期管理原则，从农业生产资料包装设计、使用、分流、资源化利用、无害化处置等全过程，提出减量化、绿色化、可追溯、多模式、分类处置、豁免管理等基本要求，同时对人员防护、信息管理也提出了相应要求，为农业生产资料包装废弃物处置和回收利用提供了综合、系统的解决方案。

1. 减量化要求

鼓励采用减少厚度、薄膜化、削减层数、采用大容量包装物等方法，从源头最大限量减少农业生产资料包装废弃物产生量，避免过度包装；另外，回收过程中鼓励清除农业生产资料包装废弃物所包含的残余物，清除过程应使新产生的废弃物产生量最小化。符合循环经济和清洁生产提出的减量化原则。

2. 绿色化要求

鼓励农业生产资料包装采用水溶性高分子包装物和在环境中易降解或可降解的包装物，减少目前常用的铝箔、塑料、玻璃等包装物使用，减少产地环境污染，有利于循环农业、绿色农业和低碳农业发展，符合我国农业生态环境保护要求。

3. 可追溯要求

农业生产资料包装废弃物的产生主体（农户、农村合作社、农业企业等）、集中回收站（点）、资源化利用单位、运输单位以及农业生产资料经销商等应建立农业生产资料包装废弃物全流程管理电子台账，包括农业生产资料包装废弃物的数量、重量、来源、回收、利用和处置等信息。

4. 多模式要求

由于农业生产资料包装废弃物涉及种植业、畜牧业，还涉及农户、家庭农场、种养大户、农民合作社等多种经营主体，存量问题和增量问题同时并存，单一处置模式很难解决实际问题。因此，鼓励农业生产资料生产者、经营者和使用者之间，可采用押金返还、第三方回收等多种机制模式推动解决农业生产资料包装废弃物回收难问题。

5. 分类处置要求

农业生产资料包装废弃物及其残余物应根据《国家危险废物名录（2021年版）》确定废物属性，未列入名录的应根据 GB 5085.7 鉴别确定属性，属于危险废物的应交由有相关处理资质的单位进行处理，不属于危险废物的按有关规定处理。根据农业生产资料包装废弃物"2＋7＋6"三级分类，对农业生产资料包装废弃物实施分类投放、分类回收、分类储存、分类运输、分类利用和分类处置，宜优先进行资源化利用，资源化利用以外再进行填埋、焚烧等无害化处置，符合我国固体废物综合利用基本原则。

6. 豁免管理要求

具有毒性、腐蚀性等危险特性，或者可能对生态环境和人体健康造成有害影响的包装废弃物及其残余物，应根据《国家危险废物名录》以及 GB 5085.7、GB 34330 确定属性，属于危险废物的应交由有相关资质的单位进行处理，不属于危险废物的按有关规定处理。列入《危险废物豁免管理清单》中的属于危险废物的农业生产资料包装废弃物（如农药包装废弃物）及其残余物，按照豁免内容的规定在相应的豁免环节实行豁免管理，但是农药包装废弃物中的残留药液需要清除，不能与包装废弃物一并处理。

六、收集

目前，我国农业生产资料包装废弃物回收体系还不健全。在国内外农业生产资料包装废弃物收集、储存和运输标准方面，起草组广泛收集了相关文献，梳理了农业生产资料包装废弃物回收与利用的政策、法律、法规和标准，对标准进行了相应比对分析。研究发现，国内关于农业生产资料包装废弃物回收处置的标准相对较少，主要涉及农药包装废弃物，法律法规和强制性标准中都没有关于农业生产资料包装废弃物收集、储存和运输的具体技术规范。为此，起草组以农药包装废弃物为重点，通过细化浙江、山东、贵州、江西等地农药包装废弃物回收流程，科学界定了农业生产资料包装废弃物回收环节（图7-2）、主要活动场所、利益相关方及遵守的技术要求。

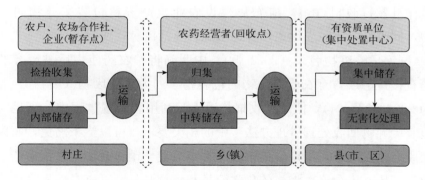

图7-2 农业生产资料包装废弃物回收环节界定

2019年，农业农村部在山东、浙江、江苏、福建、黑龙江5个省10个县组织开展农药包装废弃物回收试点，各地探索形成了符合本地实际的农药包装废弃物回收机制，形成了不少可复制、可参考、可推广的农药包装废弃物回收利用技术模式（表7-2）。

表7-2 农药包装废弃物回收体系布局要求

地方	村级	乡级	县级
山东省 （一点两库）	在行政村（组）、农药经营门店、生产基地等设置定点回收点或临时回收储存点，形成村级回收网点	建设乡（镇）级农药包装废弃物回收储存库	建设县（市、区）级农药包装废弃物回收储存库
贵州省 （三点）	行政村（组）建立1个农药包装废弃物暂存点	每个乡（镇）建立1个农药包装废弃物转运点	每个县（市、区）建立1个农药包装废弃物集中存放点
江苏省 （两站一心）	以农业生产资料经销商为依托，建立农药包装废弃物基层站（点）	乡（镇）级定点收储站	县（市、区）级收储中心

借鉴各地经验做法，规定了建设农业生产资料包装废弃物回收体系及应具备的设施设备等要求，即在农业生产资料生产企业、农业生产资料经营者、规模化种植养殖基地、农业园区、农业生产资料使用大户、农民专业合作社及行政村（组）应布局建设农业生产资料包装废弃物回收站（点），回收站（点）要远离热源、水源、生活区。

《国家危险废物名录（2021版）》中明确将"农药使用后被废弃的与农药直接接触或含有农药残余物的包装物"列为危险废物（废物类别/代码为900-003-04），但是在收集、运输、利用和处置过程中，满足《农药包装废弃物回收处理管理办法》中的相关要求，可以给予豁免，而兽药包装废弃物没有进行限定。再根据非特定行业"销售及使用过程中产生的失效、变质、不合格、淘汰的化学药品和生物制品"具有毒性列为危险废物（废物类别/代码为900-002-03）的条款，基于农药、兽药药物（品）及其包装废弃物的毒性，提出两项技术要求：一是农药、兽药在使用过程中，必须通过反复冲洗等方式充分利用内容物和清除残余物，一般冲洗3～5次。中国农药工业协会检测表明：采用水洗，1次清洗后，包装物农药残余物降低到0.05%以下，3次清洗后，包装物农药残余物降低到

0.000 5％以下，达到不能检出水平，按《危险废物鉴别标准 毒性物质含量鉴别》（GB 5085.6），不符合有毒物质；二是农药、兽药包装物的冲洗废水和擦拭纸应采取有效措施进行无害化处置。

为促进资源利用效率，本着分类回收原则、减少处理成本的原则，结合《农药包装废弃物回收处理管理办法》和国外农药包装废弃物回收处理经验，明确回收过程还应遵守以下操作要点和技术要求：一是分类收集后，交回到包装废弃物回收站（点），不应随意丢弃，避免二次污染；二是在回收站（点）布设回收场所，农业生产资料包装废弃物应按照分类表实行分类投放、分隔收集。

同时，根据《农药包装废弃物回收处理管理办法》《贵州省农药包装废弃物回收处理指导意见》《山东省农药包装废弃物回收处理管理办法》等国家和地方文件要求，对农业生产资料包装废弃物回收站（点）、农业生产资料经营者的回收责任进行了约束。一是农业生产资料使用者宜及时收集农业生产资料包装废弃物，并交售至回收站（点）或农业生产资料经营者；二是农业生产资料包装废弃物回收站（点）不能无理由拒收；三是农业生产资料经营者不应拒收其销售的农药、兽药等农业生产资料包装废弃物；四是本地农业生产资料包装废弃物回收站（点）或政府委托的市场主体应对丢弃在田间地头等处的农业生产资料包装废弃物实行回收。通过多种模式，促进农业生产资料包装废弃物回收主体履行责任。

针对可回收农业生产资料包装废弃物，提出了可回收包装废弃物宜优先进入回收利用渠道的建议，即可回收物宜交售至可回收物回收服务点或者其他可回收物回收经营者。可回收的塑料包装废弃物回收还应符合《废塑料回收技术规范》（GB/T 39171—2020）中建立环境保护管理制度、回收信息管理制度、收集过程中不得就地清洗、分类分选等要求。可回收玻璃包装废弃物还应符合《废玻璃回收技术规范》（GB/T 39196—2020）中建立环境保护管理制度、劳动保护、信息管理制度、污染预防应急机制等要求。可回收木质农业生产资料包装废弃物还应符合《废弃木质材料回收利用管理规范》（GB/T 22529—2008）中储存防火、防霉烂，不同材料基本分离的预分选等要求。

七、储存

各类农业生产资料包装废弃物储存分为一般要求和特殊要求。一般要求主要有储存场所的分类、污染控制和环境保护应满足的要求，储存场所的设施设备、卫生、安全、消防等建设要求，以及农业生产资料包装废弃物的储存方法要求。特殊要求主要提出了纸质、塑料、玻璃、金属、木质包装废弃物在可回收状况下和有害状况下的具体储存技术要求。

根据上述农业生产资料包装废弃物回收体系建设的现实做法，提出了临时收集点暂存、定点收储站中转储存和收储处置场所集中储存 3 种类型。尽管农药包装废弃物被列入危险废物豁免清单，考虑到生命安全和环境安全，储存过程中仍然要做好环境保护，各类储存场所的选址、设计、建设，各类储存设施的运行、安全防护、监测和关闭等须遵守《危险废物储存污染控制标准》（GB 18597—2023）要求，并按照《环境保护图形标志　固体废物储存（处置）场》（GB 15562.2—1995）要求在储存设施醒目位置设置环境保护图形标志、警示牌。在储存场所，提出了在常温常压下不水解、不挥发的固体危险废物可在储存设施内分区储存、分别堆放，进一步要求农药、兽药等有害包装废弃物在存放前应捆扎、打包（袋装、桶装等），堆放整齐，应在储存设施或容器醒目位置进行危害性标识，环境保护图形标志、警示牌按照 GB 15562.2—1995 的规定执行，标识部位参考《农药包装通则》（GB 3796—2018）执行。结合地方标准，提出储存的包装废弃物应及时转运，储存时间不宜超过 1 年。

根据《危险废物储存污染控制标准》（GB 18597—2023）中"危险废物堆要防风、防雨、防晒"要求，以及湖南等农药包装废弃物回收试点省普遍做法（图 7-3），对储存场所环境提出了技术要求：一是"封闭或半封闭结构，应设有防晒、防雨、防火、防雷、防盗、防扬散、防流失、防渗漏、防高温等措施"，避免露天堆放；二是储存场所同时要有观察窗口，并配备称量、通风、照明、消防、防护等通用设备设施，并由专人管理；三是应定期对储存场所进行清理、消毒，对设备设施进行检查，对温湿度和有毒有害气体（如一氧化碳、二氧化硫、氯化氢、氨气等）浓度进行监测预警，及时发现处理异常，确保设施有效、储存安全；四是应存放在阴凉、干燥、通风处，避免潮湿和阳光直射，不应与易燃、易爆或腐蚀性物质混合储存，并避免未成年人触及。

湖南省农药包装废弃物储存点　　　内蒙古自治区杭锦后旗农药包装废弃物回收储存站

吉林省长白山抚松县农药包装回收储存站　　黑龙江省哈尔滨市农药包装临时储存点

图 7-3　吉林白城农药包装废弃物回收站点

参考《废塑料回收技术规范》（GB/T 39171—2020）、《废弃木质材料回收利用管理规范》（GB/T 22529—2008）的有关要求，针对塑料及木质和纸质农业生产资料包装废弃物分别提出了相应操作要点。分别如下。

一是纸质农业生产资料包装废弃物，要求纸质材料不宜贴地或贴墙堆放，应距离地面和墙面 15 cm 以上；多雨潮湿季节应勤倒货位，防止纸质受潮发霉；应配备防虫灯等灭虫设备，防止纸质被虫蛀、污染等。

二是塑料农业生产资料包装废弃物，要求在接触带毒塑料包装物时，采取必要的防中毒措施；堆放高度不宜太高，防止底部压力过大；多雨潮湿季节应勤倒货位，防止塑料发霉老化；不应与含有强腐蚀性物质的物品堆放在一起。

三是玻璃农业生产资料包装废弃物，要求在存放前进行必要的包装，防止玻璃破碎遗散；堆放高度不宜太高，防止底部压力过大；应根据需要设置垫板或托架，以保证堆放稳固。

四是木质农业生产资料包装废弃物，要求一般采用干存法储存；应采取适当方法进行防腐朽和防虫蛀处理；进行苫垫防护。

五是在接触所有有害包装废弃物时，应采取必要的防中毒措施。

八、运输

《国家危险废物名录（2021 版）》中明确规定：农药使用后被废弃的与农药直接接触或含有农药残余物的包装物应满足《农药包装废弃物回收处理管理办法》中的运输要求，不按危险废物进行运输。为此，本标准提出了农药包装废弃物在运输环节实行危险废物豁免管理，按照普通货物进行运输。《农药包装废弃物回收处理管理办法》第 15 条规定：运输农药包装废弃物应当采取防止污染环境的措施，不得丢弃、遗撒农药包装废弃物，运输工具应当满足防雨、防渗漏、防遗撒要求。《中华人民共和国固体废物污染环境防治法（2020 年修订）》第 5 条和第 20 条规定：产生、收集、储存、运输、利用、处置固体废物的单位、个人和生产经营者，应当采取防扬散、防流失、防渗漏或者其他防止污染环境的措施，不得擅自倾倒、堆放、丢弃、遗撒固体废物。为防止和减少固体废物对环境的污染，结合《危险货物运输包装通用技术条件》（GB 12463—2009）、《一般货物运输包装通用技术条件》（GB/T 9174—2008）、《道路危险货物运输管理规定》（交通运输部令 2013 年第 2 号）及其修改要求等相关规定，本标准提出了农业生产资料包装废弃物在运输过程中的基本要求：一是应打包完整和采用封闭的运输工具，运输工具应满足防雨、防渗漏、防遗撒要求；二是不应与易燃、易爆或腐蚀性物质混合运输；三是在装卸、运输过程中应确保包装完好，无遗撒；四是运输工具在运输途中不应超高、超宽、超载。

九、资源化利用

我国《固体废物污染环境防治法（2020 年修订）》第 4 条规定：任何单位和个人都应当采取措施，减少固体废物的产生量，促进固体废物的综合利用，降低固体废物的危害性。《农药包装废弃物回收处理管理办法》第 16 条规定：省级人民政府农业农村主管部门会同生态环境主管部门结合本地实际需要确定资源化利用单位，并向社会公布。《国家危险废物名录（2021 版）》中明确规定：农药使用后被废弃的与农药直接接触或含有农药残余物的包装物进入《农药包装废弃物回收处理管理办法》确定的资源化利用单位进行资源化利用的，利用过程不按危险废物管理。2020 年 5 月，山东省农业农村厅联合山东省生态环境厅印发了《具备农药包装废弃物（900－041－49）处置能力的危险废物经营单位名单》（鲁农药管字〔2020〕1 号），遴选了 28 家具备农药包装废弃物处置能力的危险废物经营单位名单。为此，本标准提出了"应委托具备专业技术能力的专业化服务机构优先以回收方式进行综合利用"的要求。

《固体废物污染环境防治法（2020 年修订）》第 65 条规定：产生秸秆、废弃农用薄膜、农药包装废弃物等农业固体废物的单位和其他生产经营者，应当采取回收利用和其他防止污染环境的措施；从事畜禽规模养殖应当及时收集、储存、利用或者处置养殖过程中产生的畜禽粪污等固体废物，避免造成环境污染；国家鼓励研究开发、生产、销售、使用在环境中可降解且无害的农用薄膜。《农药包装废弃物回收处理管理办法》第 16 条规定：国家鼓励和支持对农药包装废弃物进行资源化利用；资源化利用以外的，应当依法依规进行填埋、焚烧等无害化处置；资源化利用不得用于制造餐饮用具、儿童玩具等产品，防止危害人体健康。资源化利用单位不得倒卖农药包装废弃物。为此，本标准提出了重复使用和再生利用的建议。

相较于再生利用方式，重复使用成本最低、效率最高。《循环经济促进法（2018 修正）》第 19 条规定：应当按照减少资源消耗和废物产生的要求，优先选择采用易回收、易拆解、易降解、无毒无害或者低毒低害的材料和设计方案。结合《大件垃圾收集和利用技术要求》（GB/T 25175—2010），对重复使用提出了 3 项技术要求：一是当包装废弃物的物理性能和技术特征在常规可预见的使用条件下可往返或循环使用时，可通过洗涤、维护等操作保持原功能，再加以重新使用；二是农业生产资料包装废弃物封装用的包装物、捆绑物和遮盖物应重复使用，发现存在安全隐患的，应当维修或者更换；三是重复使用于原用途的农业生产资料包装不按照固体废物管理。

进一步结合《包装与环境　第 4 部分：材料循环再生》（GB/T 16716.4—2018）和《包装与包装废弃物　第 1 部分：处理和利用通则》（GB/T 16716.1—2008）的要求，以及通过对《包装废弃聚合物的回收及再利用技术研究进展》等技术文献的研究，提出了再生利用的 3 个技术要点：一是对于容易识别、分离和归类的农业生产资料包装废弃物，可采取机械处理再生、化学处理再生等有效技术措施，按确定的成分含量再生成为符合标准要求或具有使用价值的产品，应以材料循环再生的方式再生利用；二是对于产品残留物不易清除，或其本身不易识别、分离或归类，并且含有一定量的有机物的农业生产资料包装废弃物，能够通过燃烧获得有效热量时，应以能量回收的方式回收利用。三是农业生产资料包装废弃物中没有混入有害有毒物质，且其成分中含有植物纤维或可降解材料，可在有氧环境中通过生物降解进行处理。

结合《大件垃圾收集和利用技术要求》（GB/T 25175—2010）中对拆解后废旧木材加工、废塑料再生利用、废玻璃的再生利用的规定，提出了"塑料、玻璃、木质农业生产资料包装废弃物再生利用应符合 GB/T 25175—2010 的规定，对复合包装物提出了分离后再利用的技术要求，如纸铝塑复合包装物应通过专用设备将材料进行分离，然后按照《废纸塑铝复合包装物回收分拣技术规范》（SB/T 11110—2014）的要求进行再生利用。

同时，根据针对农药、兽药等有害包装废弃物，对资源化利用单位、最终产品及其用途提出了禁止性要求：一是不应用于制造餐饮用具、医疗器械、玩具、文具等产品，防止危害人体健康；二是不应倒卖农药、兽药等有害包装废弃物。

十、无害化处置

目前，废弃物最常用的处理方法有填埋处置和焚烧处理，焚烧是处置的发展趋势。本标准将焚烧和填埋作为农业生产资料包装废弃物主要的无害化处置技术，主要原因如下。

1. 填埋处置

填埋处置是寻找一块空置的土地，将垃圾置于防渗透层之上，压实后覆土填埋，利用生物化学原理在自然条件下使天然有机物分解，对分解产生的渗沥液和沼气（填埋气体）进行收集处理，对人体健康及安全不造成危害。这种方法目前在世界上采用得最多。填埋的优点为：最初投资低，适用性强，可接纳各种废弃物，处理能力大；建设投资除征地费不好确定外，一般而言，生产性投资较少，运行费用低，不受废弃物成分变化的影响。缺点有 2 个：一是填埋需要占用大量的土地资源，地址选择较为困难，考虑到交通、水文、地质、地形等因素，许多地方很难找到合适的场址；二是渗滤液的处理，废弃物经雨水浸泡渗出的黑液为高浓度有害液体，BOD_5 浓度较高，是粪便的 3~5 倍，一旦渗漏，对地下水、土质和大气易造成污染。此种方法简单、成熟、投资稍低，是目前用得较多的垃圾处理方法，它适用于卫生填埋场地资源丰富或经济发展水平较低的地区。然而，发达国家正在逐步减少原生废弃物的填埋量，尤其在欧盟各国，已强调废弃物填埋只能是最终的处置手段，而且只能是无机废弃物，在 2005 年以后，有机物含量大于 5% 的废弃物不能进入填埋场。

2. 焚烧处理

焚烧处理是通过适当的热分解、燃烧、熔融等反应，使废弃物经过高温下的氧化进行减容，成为残渣或者熔融固体物质的过程，焚烧设施必须配有烟气处理设施，防止重金属、有机类污染物等再次排入环境中。回收废弃物焚烧产生的热量，可达到废物资源化的目的。

焚烧技术的主要特点：无害化彻底，减容、减量效果好，有利于资源再利用，焚烧技术比较成熟，综合效果好。因此，在全世界具备经济条件、热值条件和缺乏卫生填埋场地资源的地区，焚烧处理技术得到了迅速发展。

优点：减容效果最好，一般减容90％，减重70％以上，又能使腐败性有机物和难以降解而造成公害的有机物燃烧成为无机物和二氧化碳，病原性生物在高温下死灭殆尽，使废弃物变成稳定的、无害的灰渣类物质。

缺点：废弃物热值需达到一定水平，热值大于3 347千焦/千克的废弃物才能焚烧，此时仍须添加辅助燃料方可维持稳定燃烧，因此，处理费用较高，不经济。当废弃物热值大于4 187千焦/千克时，才有可能不加辅助燃料，实现在高温下燃烧。

焚烧处理可分为全量燃烧和燃料制备后燃烧2种。全量燃烧工艺成熟、运行可靠、炉温较高、操作较简易、燃烧较充分，炉渣热灼减率可达到小于3％，减容量可达80％～90％，是废弃物减容和资源回收的常用的方法。目前，西欧及美、日等地大部分焚烧厂采用此技术，但投资较高。燃料制备后燃烧是对废弃物中可燃组分焚烧处理，进炉前要经过分拣，将不燃物或低热值组分除去，有的还要求将垃圾破碎，使进炉垃圾的粒度大致均等，焚烧前制成二次燃料，它的热值高，一般要超过10 000千焦/千克，可替代部分常规燃料。此法投资少，回收有用物质多，综合利用程度高。随着废弃可燃物和易燃物的增加，及各种先进技术的发展和应用，使焚烧技术不断得到完善和发展。焚烧处理是目前处理生活垃圾等废弃物的有效途径之一。

《农药包装废弃物回收处理管理办法》第16条规定：除资源化利用以外的，应当依法依规进行填埋、焚烧等无害化处置。山东、江苏、河北、河南等省份农业农村厅联合生态环境厅、交通运输厅等部门制定了地方农药包装废弃物管理办法，也同样规定了要采用填埋、焚烧等方式对农药包装废弃物进行无害化处置的要求（表7-3）。2013年，《畜禽规模养殖污染防治条例》第19条和第20条规定：从事畜禽养殖活动和畜禽养殖废弃物处理活动，应当及时对畜禽粪便、畜禽尸体、污水等进行收集、储存、清运，防止恶臭和畜禽养殖废弃物渗出、泄漏；向环境排放经过处理的畜禽养殖废弃物，应当符合国家和地方规定的污染物排放标准和总量控制指标；畜禽养殖废弃物未经处理，不得直接向环境排放。

表7-3 部分省份对农药包装废弃物无害化处置的相关要求

文件名称	相关内容
山东省农药包装废弃物回收处理管理办法（鲁农法字〔2021〕22号）	资源化利用以外的农药包装废弃物，应当依法依规进行填埋、焚烧等无害化处置，进入生活垃圾填埋场填埋、生活垃圾焚烧厂焚烧处置，处置过程不按危险废物管理
广东省农药包装废弃物回收处理实施方案（粤农农函〔2021〕77号）	各地要做好与当地环卫等部门的协调，及时组织县级回收站将非资源化利用的农药包装废弃物送至生活垃圾填埋场填埋或生活垃圾焚烧厂焚烧
湖北省农药包装废弃物回收处理试点工作方案	资源化利用以外的，应当依法依规进入生活垃圾填埋场填埋处置或进入生活垃圾焚烧厂焚烧处置
福建省农药包装废弃物回收处理指导意见（试行）（闽农规〔2021〕5号）	不可资源化利用的农药包装废弃物应当依法依规进行填埋、焚烧等无害化处置，也可交由具有相应资质的危险废物持证单位进行规范处理，处理单位无正当理由不得拒绝处理农药包装废弃物
贵州省农药包装废弃物回收处理指导意见（黔农发〔2021〕2号）	资源化利用以外的，依法依规进行填埋、焚烧等无害化处置。共享辖区内填埋、焚烧单位等信息
关于加强农药包装废弃物回收处置工作的意见〔农农（植保）〔2018〕15号〕	要按照《中华人民共和国土壤污染防治法》《农药管理条例》等要求，及时回收农药包装废弃物并交由具备资质的单位进行无害化处置
河南省农药包装废弃物回收处理实施意见（豫农文〔2022〕5号）	资源化利用以外的农药包装废弃物应当依法依规进行填埋、焚烧等无害化处置，垃圾焚烧厂和垃圾填埋场应对农药包装废弃物进行焚烧和填埋，不得拒收

结合《大件垃圾收集和利用技术要求》（GB/T 25175—2010）中对大件垃圾拆解和再使用清洗过程中残余物的处理要求，以及《包装与包装废弃物 第1部分：处理和利用通则》（GB/T 16716.1—2008）中关于包装废弃物焚烧和填埋等最终处理的要求，对无害化处置过程的优先顺序、技术选择、环境保护等提出了3项通用性、基础性的技术要求：一是资源化

利用以外的农业生产资料包装废弃物应进行焚烧、填埋等无害化处置，宜优先选择焚烧处置技术。二是根据《国家危险废物名录》中《危险废物豁免管理清单》规定的处置豁免环节实行豁免管理的农药包装废弃物，其按照生活垃圾进行填埋或者焚烧处置，填埋技术应符合 GB 50869 的要求，焚烧污染控制应符合 GB 18485 的要求。三是按照危险废物进行焚烧或填埋时，预处理技术和处置技术应符合 HJ 2042 的要求，焚烧污染控制应符合 GB 18484 的要求，填埋污染控制应符合 GB 18598 的要求。

十一、人员防护

《固体废物污染环境防治法（2020 年修订）》第 93 条指出：国家采取有利于固体废物污染环境防治的经济、技术政策和措施，加强对从事固体废物污染环境防治工作人员的培训和指导，促进固体废物污染环境防治产业专业化、规模化发展。《农药包装废弃物回收处理管理办法》第 8 条要求：县级以上地方人民政府农业农村和生态环境主管部门应当采取多种形式，开展农药包装废弃物回收处理的宣传和教育，指导农药生产者、经营者和专业化服务机构开展农药包装废弃物的回收处理。鼓励农药生产者、经营者和社会组织开展农药包装废弃物回收处理的宣传和培训。《危险化学品安全管理条例》第 4 条规定：危险化学品单位从事生产、经营、储存、运输、使用危险化学品或者处置废弃危险化学品活动的人员，必须接受有关法律、法规、规章和安全知识、专业技术、职业卫生防护和应急救援知识的培训，并经考核合格，方可上岗作业。另外，《一般工业固体废物储存和填埋控制标准》（GB 18599—2020）要求"储存场、填埋场应制订运行计划，运行管理人员应定期参加企业的岗位培训"。《废塑料回收技术规范》（GB/T 39171—2020）要求"从事废塑料分拣的回收从业人员应进行岗前培训，储存场、填埋场应制订运行计划，运行管理人员应定期参加企业的岗位培训"。可见，不论对于一般固体废弃物还是危险废弃物，其处置和回收利用工作人员都需要进行岗位培训。

基于上述法律法规和有关技术要求，为了保障从业人员健康，减少对从业人员的身体危害，杜绝因为废弃物管理不善造成的环境污染事故，本标准提出了人员防护的 4 项一般要求：一是从事农药、兽药等农业生产资料包装废弃物收集和经营单位应定期对作业人员进行安全处置和回收利用操作技术培训；二是有害农业生产资料包装废弃物事故应急救援人员应定期接受相关管理部门或有资质机构进行有毒有害废弃物分类、回收、处置、利用及应急处理相关知识和技能培训；三是有害农业生产资料包装废弃物的收集、运输、处置等过程中，作业人员应配备必要的个人防护装备，如防护手套、护目镜、防护服、防护面具或口罩等；四是作业结束后，应及时清洗手、脸，有条件者宜淋浴，及时清洗或维修或更换防护设备。

十二、信息管理

2021 年 4 月 29 日，第十三届全国人民代表大会常务委员会第二十八次会议通过了《中华人民共和国乡村振兴促进法》，其第 40 条规定：地方各级人民政府及其有关部门应当采取措施，推进废旧农膜和农药等农业投入品包装废弃物回收处理。

2021 年 7 月，《"十四五"循环经济发展规划》指出"研究完善循环经济统计体系，逐步建立包括重要资源消耗量、回收利用量等在内的统计制度，优化统计核算方法，提升统计数据对循环经济工作的支撑能力"。

2021 年 3 月，国家发展改革委等十部门联合下发了《关于"十四五"大宗固体废弃物综合利用的指导意见》，要求"充分依托已有资源，鼓励社会力量开展大宗固废综合利用交易信息服务，为产废和利废企业提供信息服务，分品种及时发布大宗固废产生单位、产生量、品质及利用情况等，提高资源配置效率，促进大宗固废综合利用率整体提升"。

2017 年修订的《农药管理条例》第 27 条规定：农药经营者应当建立销售台账，如实记录销售农药的名称、规格、数量、生产企业、购买人、销售日期等内容。销售台账应当保存 2 年以上。

《农药包装废弃物回收处理管理办法》第 12 条规定：农药经营者和农

药包装废弃物回收站（点）应当建立农药包装废弃物回收台账，记录农药包装废弃物的数量和去向信息。回收台账应当保存两年以上。

《固体废物污染环境防治法（2020 年修订）》第 78 条规定：产生危险废物的单位，应当建立危险废物管理台账，如实记录有关信息。第 112 条规定，未按照国家有关规定建立危险废物管理台账并如实记录的，由生态环境主管部门责令改正，处以罚款，没收违法所得；情节严重的，报经有批准权的人民政府批准，可以责令停业或者关闭。

《兽药管理条例（2020 年修订）》要求：兽药经营企业购销兽药应当建立购销记录，兽药入库、出库，应当执行检查验收制度，并有准确记录。

《饲料和饲料添加剂管理条例》第 19 条规定：饲料、饲料添加剂生产企业应当如实记录出厂销售的饲料、饲料添加剂的名称、数量、生产日期、生产批次、质量检验信息、购货者名称及其联系方式、销售日期等。记录保存期限不得少于 2 年。第 23 条规定：饲料、饲料添加剂经营者应当建立产品购销台账，如实记录购销产品的名称、许可证明文件编号、规格、数量、保质期、生产企业名称或者供货者名称及其联系方式、购销时间等。购销台账保存期限不得少于 2 年。

《农用薄膜管理办法》第 11 条规定：农用薄膜销售者应当依法建立销售台账，如实记录销售农用薄膜的名称、规格、数量、生产者、生产日期和供货人名称及其联系方式、进货日期等内容。销售台账应当至少保存两年。第 12 条规定：农业生产企业、农民专业合作社等使用者应当依法建立农用薄膜使用记录，如实记录使用时间、地点、对象以及农用薄膜名称、用量、生产者、销售者等内容。农用薄膜使用记录应当至少保存两年。第 17 条规定：农用薄膜回收网点和回收再利用企业应当依法建立回收台账，如实记录废旧农用薄膜的重量、体积、杂质、缴膜人名称及其联系方式、回收时间等内容。回收台账应当至少保存两年。目前，山东等地的农药包装废弃物管理台账也要求 2 年以上，广西对回收台账和出入库台账的保存时间要求至少 5 年，对转运台账的保存时间要求至少 3 年。

《危险化学品安全管理条例（2011 年修订）》第 18 条规定：对重复使用的危险化学品包装物、容器，使用单位在重复使用前应当进行检查；发现存在安全隐患的，应当维修或者更换。使用单位应当对检查情况作出记录，记录的保存期限不得少于 2 年。第 41 条规定：危险化学品生产企业、经营企业销售剧毒化学品、易制爆危险化学品，应当如实记录购买单位的名称、地址、经办人的姓名、身份证号码以及所购买的剧毒化学品、易制爆危险化学品的品种、数量、用途。销售记录以及经办人的身份证明复印件、相关许可证件复印件或者证明文件的保存期限不得少于 1 年。

《生活垃圾卫生填埋处理技术规范》（GB 50869—2013）规定垃圾特性、类别、垃圾量、填埋作业记录、场区除臭灭蝇记录、岗位培训、安全教育及应急演习等的记录、劳动安全与职业卫生工作记录等需要做记录并归档。

《生活垃圾焚烧污染控制标准》（GB 18485—2014）对监测也提出规定：生活垃圾焚烧厂运行期间，应建立运行情况记录制度，如实记载运行管理情况，至少应包括废物接收情况、设施运行参数以及环境监测数据等。

根据上述文件要求，本标准对农业生产资料包装废弃物的台账类型、记录内容、保存时间等提出了技术要求。一是农业生产资料包装废弃物回收站（点）应建立回收利用电子台账，在单位内部转运、不同单位间转移应有记录，包括但不局限于农业生产资料包装废弃物的来源、名称、种类、形态、回收处置日期、回收处置数量、经办人员、去向等信息；二是农业生产资料包装废弃物无害化处置和资源化利用单位应建立入库、出库和转运电子台账，包括但不局限于农业生产资料包装废弃物的来源、名称、种类、形态、入库日期及数量、出库日期及数量、回收处置方式及数量、交易情况、经办人员等信息；三是农业生产资料包装废弃物电子台账资料宜设专人管理，记录应当完整、准确；四是农业生产资料包装废弃物台账资料应至少保存 2 年，对于已有专项台账要求的农业生产资料包装废弃物，应执行其专项台账要求。

第八章

我国农业生产资料包装废弃物利用处置建议

针对农业生产资料包装废弃物综合利用过程中面临的问题，从政策体系、责任主体、技术支撑、宣传培训等方面提出以下建议。

一、完善政策体系

要贯彻农业农村优先发展的政策导向，加强政策引导调控，加大财政支持力度，制定奖励补助机制，鼓励引导社会资本参与农业生产资料包装废弃物回收利用，农业生产资料包装废弃物产生量大、涉及面广，需要制定详细的工作标准，便于开展工作调度、检查督导和绩效考评。工作标准要明确各类农业生产资料包装废弃物的回收利用年度目标，根据本地实际情况，因地制宜地制定农业生产资料包装废弃物回收利用实施方案，明确管理服务人员，加强对村内田间农业生产资料包装废弃物的收集管理，其运输、晾晒和暂时存放等不得危害农村人居环境卫生。要量化工作标准，使之具有可操作性、可考核性、可评比性。

二、细化责任分工

县级政府应结合机构改革，建立健全机构，明确部门职责，划清职责责任。县、区农业农村部门要制定指导农业生产资料包装废弃物回收处置的技术指导意见，鼓励新型农业经营主体参与回收处置。相关职能部门加强协调，在生产、销售、市场监管、使用、回收、运输、废弃物资源化利用生产等环节加强配合，实现全链条、全覆盖的监管和服务体系。乡镇级政府发挥职能作用，承担组织实施本辖区农业生产废弃物回收利用的主体责任，村级设农业生产废弃物回收处置管理人员，形成政府主导、部门参与，属地组织实施、社会参与的联动机制。

三、拓宽培育处置利用新模式

农业生产资料包装废弃物处置利用模式与农业生产资料包装废弃物的

种类、特点、处理技术水平相关联，要进一步创新机制，加大对农业生产资料包装废弃物处置利用新模式新技术的示范推广，进而推动农业生产资料包装废弃物处置利用快速、健康发展。结合农业产业结构和资源条件，迫切需要因地制宜地选择农业生产资料包装废弃物处理模式，拓宽培育利用新模式。可选取在现有发展水平基础上农业生产资料包装废弃物综合效益较高的镇试点，深层次挖掘附加值更高的利用新模式，开展循环利用关键技术集成示范与推广应用。

四、分类推行包装物循环化回收利用

加大对农业生产资料废弃物环保科研经费投入力度和再生资源使用力度，鼓励科研单位、高等院校等组织的科研人员研发创新可降解的新型农业生产资料包装物和再生材料的利用技术，提高包装废弃物资源化利用价值。同时，鼓励生产和经营企业大力倡导使用绿色、可降解包装材料和大规格包装，并在包装瓶（袋）或说明书上标注包装物各地回收参考价格、联系电话，以减少农业生产资料包装废弃物的产生。

五、加强宣传培训

农业生产资料包装废弃物回收处置与综合利用离不开农业生产主体作用，需要进一步提高农业生产者的生态意识和职业素养，培育新型农业经营主体，不断加大农业废弃物资源化利用的宣传教育和技术培训。一方面，通过宣讲会、宣传手册等，提高农业生产者对农业生产资料包装废弃物的认知度和意识水平；另一方面，通过新型职业农民培训、职业教育等活动，培养农业生产者具备农业废弃物资源化利用的专业技术知识，提升职业素养。积极推动农业生产资料包装废弃物回收处置与综合利用，充分利用多种媒体渠道，大力宣传农业生产资料包装废弃物处理的重要意义，在社会上逐步营造良好氛围，广泛动员各环节主体力量积极参与，共同推动农业绿色发展。

主 要 参 考 文 献

陈有庆，胡志超，吴峰，等，2016. 我国残膜回收装备研发要点及实践 [J]. 新疆农机化 (5)：8 - 11.

陈智远，石东伟，王恩学，等，2010. 农业废弃物资源化利用技术的应用进展 [J]. 中国人口·资源与环境，20 (12)：112 - 116.

党晓鹏，2013. 饲料中烟曲霉毒素的危害及防控措施 [J]. 饲料研究 (11)：27 - 29.

丁炜，2010. 黄曲霉毒素解毒酶基因的克隆与表达研究 [D]. 呼和浩特：内蒙古农业大学.

杜艳艳，赵蕴华，2012. 农业废弃物资源化利用技术研究进展与发展趋势 [J]. 广东农业科学，39 (2)：192 - 196.

多杰扎西，2020. 兽药残留对于生态环境的危害规避策略 [J]. 畜牧业环境 (12)：24.

方长青，李铁虎，经德齐，2007. 包装废弃聚合物的回收及再利用技术研究进展 [J]. 材料导报，21 (3)：47 - 49.

方海军，倪世鹏，张立宇，等，2017. 不同类型残膜回收机对比试验报告 [J]. 中国农业文摘-农业工程，29 (5)：41 - 43.

贺亚亚，田云，张俊飚，2013. 湖北省农业碳排放时空比较及驱动因素分析 [J]. 华中农业大学学报 (社会科学版) (5)：79 - 85.

季彩宏，褚军，杨丽珍，等，2019. 浅谈农村农药包装废弃物现状及对策 [J]. 科学技术创新 (24)：179 - 180.

姜文凤，张传义，2020. 农业废弃物资源化利用探究 [J]. 农业技术与装备 (1)：103 - 105.

雷元培，周建川，王利通，等，2020. 2018 年中国饲料原料及配合饲料中霉菌毒素污染调查报告 [J]. 饲料工业，41 (10)：60 - 64.

李洁，牛小云，许开强，2016. 利用废旧地膜和废镍砂开发环保复合井盖 [J]. 甘肃科技，32 (19)：4.

李金华，杨冬梅，2020. 内蒙古兽药管理法制架构与监管时弊分析 [J]. 中国动物检疫，37 (12)：55 - 58，80.

李阳，穆阳芬，2020. 废旧农膜回收向"白色污染"宣战 [J]. 中国农资 (39)：5.

梁赤周，陆剑飞，2015. 浙江省农药包装废弃物回收处理模式的探索与实践 [J]. 农药科学与管理，36（3）：22-26.

林漫莎，2022. 农药包装废弃物回收管理的模式及难点［J］. 安徽农学通报，28（4）：130-131.

刘琪，张宏，丁圆，等，2020. 废旧地膜回收利用方法的研究［J］. 广州化工，48（20）：27-29.

刘亚萍，姚芳，刘振东，等，2021. 国际农药包装废弃物管理概况［J］. 世界农药，43（8）：6-20.

刘艳，2014. 再生 PE 地膜的生产技术［J］. 农技服务，31（6）：1.

吕运涛，2021. 湖南省农药包装废弃物回收处理的调查与思考［J］. 农村工作通讯（2）：41-42.

吕运涛，2020. 让田间地头"流浪资源"有家可归——湖南省农药包装废弃物回收处置的调查与思考［J］. 农药科学与管理，41（11）：17-23.

马秋刚，计成，赵丽红，2019. 饲料霉菌毒素污染控制与生物降解技术［M］. 北京：中国农业出版社.

马文瑾，徐向月，安博宇，等，2020. 兽药环境风险评估研究进展［J］. 中国畜牧兽医，47（5）：1628-1636.

孟召娣，李国祥，2021. 我国粮食需求趋势波动及结构变化的实证分析［J］. 统计与决策，37（15）：69-72.

闵超，安达，王月，等，2020. 我国农村固体废弃物资源化研究进展［J］. 农业资源与环境学报，37（2）：151-160.

宁伟文，王明勇，曹明坤，等，2014. 农药包装废弃物回收处理的调查与建议［J］. 农药科学与管理，35（4）：19-22.

彭靖，2009. 对我国农业废弃物资源化利用的思考［J］. 生态环境学报，18（2）：794-798.

彭凯，吴薇，龙蕾，等，2015. 饲料中霉菌毒素的危害及脱毒方法［J］. 饲料工业（6）：58-61.

邱启文，温雪峰，2020. 赴日本执行"无废城市"建设经验交流任务的调研报告［J］. 环境保护，48（Z1）：57-60.

任宗杰，秦萌，袁会珠，等，2021. 乡村振兴背景下做好农药包装废弃物回收处理工作的思考［J］. 中国植保导刊，41（4）：81-84.

汪洪，2021. 农民环境认知对化肥农药包装废弃物处理意愿的影响分析［J］. 农业灾害研究，11（1）：163-164.

王俊伟，杨建国，贾峰勇，等，2018. 北京市农药包装废弃物回收处置情况分析［J］. 农药科学与管理，39（6）：7-10.

王西，2015. 我国农业机械逆向物流发展现状及改进对策分析 [J]. 农业与技术，35（21）：43-45.

王子君，刘静，王永强，2016. 农民参与农药包装废弃物的回收模式分析 [J]. 中国科技信息（1）：20-23.

魏萌，2020. 守护净土，消灭"三废"还需输血 [J]. 中国农资（39）：2.

徐雪梅，齐德生，张妮娅，等，2013. 葡甘露聚糖单方、复配膨润土及改性产物的霉菌毒素体外吸附效果 [J]. 动物营养学报（12）：2973-2980.

闫发旭，程兴田，2011. 废旧地膜回收利用现状及研究 [J]. 农业机械（9）：96-98.

严铠，刘仲妮，成鹏远，等，2019. 中国农业废弃物资源化利用现状及展望 [J]. 农业展望，15（7）：62-65.

张佳喜，谢建华，薛党勤，等，2013. 国内外地膜应用及回收装备的发展现状 [J]. 农机化研究（12）：237-240.

张兰英，2017. 关于农田地膜残留与回收利用情况的调研 [J]. 现代农业（2）：84-85.

张丽，仇美华，梁永红，2020. 建立肥料包装废弃物长效回收机制 [J]. 江苏农村经济（10）：40-41.

张少源，刘国强，马冠平，2017. 农业投入品包装物回收处置建议 [J]. 现代农业科技（12）：186-187.

赵记军，唐继荣，李崇霄，等，2018. 废旧地膜回收与综合利用典型模式及发展建议 [J]. 现代农业科技（4）：155-156.

赵晶晶，2020. 山西兽药产业现状分析及发展建议 [J]. 山西科技，35（2）：1-5.

赵婷婷，2020. 论我国废旧包装回收物流发展 [J]. 中国储运（5）：123-124.

郑望云，2020. 从垃圾管理谈包装废弃物资源化 [J]. 绿色包装（4）：82-85.

BHANDARI N，BROWN C C，SHARMA R P，2002. Fumonisin B1-inducedlocalized activation of cytokine network in mouse liver [J]. FoodChem Toxicol，40（10）：1483-1491.

JOHNSON V J，SHARMA R P，2001. Gender-dependent immuno suppression following subacute exposure to fumonisinB1 [J]. IntImmunopharmacol，11（1）：2023-2034.

MISHRA H N，DAS C，2003. A review on biological control and metabolism of aflatoxin [J]. Crit Rev Food Sci，43（3）：245-264.

附　　录

农业废弃物资源化利用
农业生产资料包装废弃物处置和回收利用

（GB/T 42550—2023）

1　范围

本文件规定了农业生产资料包装废弃物分类、基本原则、收集、贮存、运输、资源化利用、无害化处置、人员防护和信息管理所应遵守的要求。

本文件适用于农药、兽药、肥料、饲料、种子、农机具包装废弃物和废旧地膜的回收、利用和处置。

2　规范性引用文件

下列文件中的内容通过文中的规范性引用而构成本文件必不可少的条款。其中，注日期的引用文件，仅该日期对应的版本适用于本文件；不注日期的引用文件，其最新版本（包括所有的修改单）适用于本文件。

GB 3796　农药包装通则

GB 5085.7　危险废物鉴别标准　通则

GB 15562.2　环境保护图形标志　固体废物堆放（填埋）场

GB/T 16716.1　包装与环境　第 1 部分：通则

GB/T 16716.4　包装与环境　第 4 部分：材料循环再生

GB 18484　危险废物焚烧污染控制标准

GB 18485　生活垃圾焚烧污染控制标准

GB 18598　危险废物填埋污染控制标准

GB/T 22529　废弃木质材料回收利用管理规范

GB/T 25175　大件垃圾收集和利用技术要求

GB 34330　固体废物鉴别标准　通则

GB/T 36195　畜禽粪便无害化处理技术规范

GB/T 39171　废塑料回收技术规范

GB/T 39196　废玻璃回收技术规范

GB 50869　生活垃圾卫生填埋处理技术规范

HJ/T 364　废塑料污染控制技术规范

HJ 2042　危险废物处置工程技术导则

SB/T 11110　废纸塑铝复合包装物回收分拣技术规范

3　术语和定义

下列术语和定义适用于本文件。

3.1

农业生产资料　**agricultural production means**

农业生产所需投入的农药、兽药、肥料、饲料、种子、地膜、农机具等。

［来源：GB/T 37680—2019，3.1，有修改］

3.2

农业生产资料包装废弃物　**packaging waste of agricultural production means**

农业生产资料使用后被废弃的与农业生产资料直接接触或含有内容物残余的固体包装容器、材料或成分。注：通常包括瓶、罐、桶、袋以及废旧地膜等。

3.3

回收利用　**recovery**

在不危及人身安全且不污染环境条件下，将回收的包装或包装废弃物进行分类，采取不同的方式进行处理，处理方式包括材料循环再生、能源回收利用、生物降解、沼气发酵等技术与方法。

3.4

无害化处置 sanitation treatment

利用高温、好氧、厌氧发酵或消毒等技术使包装废弃物达到卫生学要求的过程以及包装废弃物填埋和焚烧的最终处理。

［来源：GB/T 36195—2018，3.1，有修改］

4 分类

根据农业生产资料类型、危害特性以及包装材质，农业生产资料包装废弃物按三级分类管理，分类见表1。

表1 农业生产资料包装废弃物分类

一级	二级	三级
可回收废弃物	肥料包装废弃物	纸质、塑料、金属、玻璃、木质、其他
	饲料包装废弃物	纸质、塑料、金属、玻璃、木质、其他
	种子包装废弃物	纸质、塑料、金属、玻璃、木质、其他
	农机具包装废弃物	纸质、塑料、金属、玻璃、木质、其他
	废旧地膜废弃物	塑料、其他
有害废弃物	农药包装废弃物	纸质、塑料、金属、玻璃、木质、其他
	兽药包装废弃物	纸质、塑料、金属、玻璃、木质、其他

5 基本原则

5.1 农业生产资料包装应采用减少厚度、薄膜化、削减层数、大容量包装物等方法从源头减少包装废弃物的产生量。

5.2 宜采用绿色包装，农业生产资料包装应采用水溶性高分子包装物和在环境中易降解或可降解的包装物，减少铝箔、塑料、玻璃等包装物的使用。

5.3 按表1，对农业生产资料包装废弃物实施分类贮存、分类运输和分类处置的全程分类回收利用。宜优先进行资源化利用，资源化利用以外的应进行填埋、焚烧等无害化处置。

5.4　清除农业生产资料包装废弃物所包含的残余物，清除过程应使新产生的废弃物产生量最小化。

5.5　集中回收站（点）、资源化利用单位及危险废物持证单位应建立农业生产资料包装废弃物管理台账，管理利用农业生产资料包装废弃物数量、重量、来源、回收、利用和处置等信息。

5.6　农业生产资料包装废弃物及其残余物应根据《国家危险废物名录》、GB 5085.7 和 GB 34330 确定属性，属于危险废物的应交由有相关资质的单位进行处理，不属于危险废物的按有关规定处理。列入《国家危险废物名录》附录中的属于危险废物的农业生产资料包装废弃物及其残余物，按照豁免内容的规定在相应的豁免环节实行豁免管理。

5.7　农业生产资料生产者、经营者和使用者之间，可采用押金返还制、第三方回收等多种机制模式，协商确定农业生产资料包装废弃物回收处理义务的具体履行方式。

6　收集

6.1　在农业生产资料生产企业、农业生产资料经营者、规模化种植养殖基地、农业园区、农业生产资料使用大户、农民专业合作社及行政村（组）应布局建设农业生产资料包装废弃物回收站（点），远离热源、水源和生活区。

6.2　农药、兽药在使用过程中，使用者应通过反复冲洗等方式充分利用内容物和清除残余物，冲洗废水和擦拭纸应采取措施进行无害化处置。

6.3　农业生产资料使用者宜及时收集农业生产资料包装废弃物，并交售至回收站（点）或经营者，不应随意丢弃农业生产资料包装废弃物，避免二次污染。

6.4　农业生产资料包装废弃物在回收场所应分类投放至不同的收集装置或容器。

6.5　农业生产资料包装废弃物回收站（点）不应无理由拒收，农业生产资料经营者不应拒收其销售的农药、兽药等农业生产资料包装废弃物。

6.6 本地农业生产资料包装废弃物回收站（点）或本地政府委托的市场主体对丢弃在田间地头等处的农业生产资料包装废弃物进行回收。

6.7 可回收物宜交售至可回收物回收服务点或者其他可回收物回收经营者。

6.8 塑料、玻璃、木质等可回收农业生产资料包装废弃物的回收还应符合 GB/T 39171、GB/T 39196、GB/T 22529 的相关要求。

7 贮存

7.1 一般要求

7.1.1 贮存可分为临时收集点暂存、定点收贮站中转贮存和收贮处置场所集中贮存，应根据类别不同分别设立相应的贮存场所。

7.1.2 贮存场所的设置应满足相关环境保护和安全生产标准的要求，严防二次污染和中毒事故发生。

7.1.3 不同种类的农业生产资料包装废弃物应分区贮存、分别堆放，农药、兽药等有害包装废弃物在存放前应进行捆扎、打包（袋装、桶装等），堆放整齐，应在贮存设施或容器醒目位置进行危害性标识，环境保护图形标志、警示牌按照 GB 15562.2 的规定执行，标识部位按照 GB 3796 的规定执行。

7.1.4 贮存的包装废弃物应及时转运，贮存时间不宜超过 1 年。

7.1.5 贮存场所应是封闭或半封闭结构，应设有防晒、防雨、防火、防雷、防盗、防扬散、防流失、防渗漏、防高温等措施，避免露天堆放，应有观察窗口，并配备称量、通风、照明、消防、防护等通用设备设施，应由专人管理。

7.1.6 应定期对贮存场所进行清理、消毒，对设备设施进行检查，对仓库内有毒有害气体（如一氧化碳、二氧化硫、氯化氢、氨气等）浓度和温湿度进行监测预警，发现异常及时处理，确保设施有效、贮存安全。

7.1.7　应避免潮湿和阳光直射，不应与易燃、易爆或腐蚀性物质混合贮存，并使儿童等未成年人不能触及。

7.2　特殊要求

不同材质包装废弃物贮存还需符合下列要求。

　　a)　纸质农业生产资料包装废弃物：

　　　　1)　纸质材料不宜贴地或贴墙堆放，应距离地面和墙面 15 cm以上；

　　　　2)　应采用不宜传热、传湿的材料，如木质或塑料的托架；

　　　　3)　多雨潮湿季节应勤倒货位，防止纸质受潮发霉；

　　　　4)　应配备防虫灯等灭虫设备，防止纸质被虫蛀污染；

　　　　5)　不应与含有酸、碱、盐、水泥等腐蚀性物质的物品堆放在一起；

　　　　6)　在接触有害纸质包装废弃物时，应采取必要的防中毒措施。

　　b)　塑料农业生产资料包装废弃物：

　　　　1)　堆放高度不宜太高，防止底部压力过大；

　　　　2)　多雨潮湿季节应勤倒货位，防止塑料发霉老化；

　　　　3)　不应与含有强腐蚀性物质的物品堆放在一起；

　　　　4)　在接触有害塑料包装废弃物时，应采取必要的防中毒措施。

　　c)　玻璃农业生产资料包装废弃物：

　　　　1)　应在存放前进行必要的包装，防止玻璃破碎遗撒；

　　　　2)　堆放高度不宜太高，防止底部压力过大；

　　　　3)　应根据需要设置垫板或托架，以保证堆放稳固；

　　　　4)　在接触有害玻璃包装废弃物时，应采取必要的防中毒措施。

　　d)　木质农业生产资料包装废弃物：

　　　　1)　一般采用干存法贮存；

　　　　2)　应采取适当方法进行防腐朽和防虫蛀处理；

　　　　3)　必要时应进行苫垫防护；

　　　　4)　在接触有害木质包装废弃物时，应采取必要的防中毒措施。

8 运输

8.1 可根据《国家危险废物名录》附录中规定的运输豁免环节实行豁免管理的农药包装废弃物，可按照普通货物进行运输。

8.2 运输过程中应打包压实，采用封闭的运输工具，运输工具应满足防雨、防渗漏、防遗撒要求，防止造成环境污染。

8.3 不应与易燃、易爆或腐蚀性物质混合运输。

8.4 在装卸、运输过程中应确保包装完好，无遗撒。

8.5 运输工具在运输途中不应超高、超宽、超载。

9 资源化利用

9.1 一般要求

9.1.1 应委托具备专业技术能力的专业化服务机构优先以回收方式进行综合利用。

9.1.2 资源化利用宜通过重复使用和回收利用等技术与方法进行，对于可重复使用的包装废弃物应优先重新加以利用，对于可回收利用的包装废弃物应采用合理的技术与方法进行再生处理。

9.1.3 资源化利用后的产物应根据 GB 34330、GB 5085.7 确定其属性，按照相应的属性进行管理。

9.1.4 农药、兽药等有害包装废弃物资源化利用不应用于制造餐饮用具、医疗器械、玩具、文具等产品，防止危害人体健康。

9.1.5 资源化利用单位不应倒卖农药、兽药等有害包装废弃物。

9.2 重复使用

9.2.1 当包装废弃物的物理性能和技术特征在常规可预见的使用条件下可往返或循环使用时，可通过洗涤、维护等操作保持原功能，并加以重新利用。

9.2.2　封装用的包装物、捆绑物和遮盖物应重复使用；发现存在安全隐患的，应当维修或者更换。

9.2.3　依据 GB 34330，重复使用于原用途的农业生产资料包装不按照固体废物管理。

9.3　再生利用

9.3.1　农业生产资料包装废弃物容易识别、分离和归类，可采取机械处理再生、化学处理再生等有效技术措施，按确定的成分含量再生成为符合标准要求或具有使用价值的产品时，应以材料循环再生的方式再生利用。具体应符合 GB/T 16716.4 的要求。

9.3.2　农业生产资料包装废弃物中的产品残留物不易清除，或其本身不易识别、分离或归类，并且含有一定量的有机物，能够通过燃烧获得有效热量时，应以能量回收的方式回收利用。具体应符合 GB/T 16716.1 的要求。

9.3.3　农业生产资料包装废弃物中没有混入有害有毒物质，且其成分中含有植物纤维或可降解材料，可在有氧环境中通过生物降解进行处理。具体应符合 GB/T 16716.1 和 GB/T 36195 的要求。

9.3.4　塑料、玻璃、木质、纸质农业生产资料包装废弃物再生利用应符合 GB/T 25175 的规定，塑料再生利用过程的污染控制应符合 H/T 364 的规定。

9.3.5　对于多种材料复合而成的农业生产资料包装废弃物（纸铝塑复合包装物），可通过专用设备将两种或两种以上的材料进行分离后，再按照 SB/T 11110 要求进行处理。

10　无害化处置

10.1　资源化利用以外的农业生产资料包装废弃物应进行焚烧、填埋等无害化处置，宜优先选择焚烧处置技术。

10.2　根据《国家危险废物名录》附录中规定的处置豁免环节实行豁免管理的农药包装废弃物，其按照生活垃圾进行填埋或者焚烧处置，填埋技术应符合 GB 50869 的要求，焚烧污染控制应符合 GB 18485；按照危险废物进行焚烧或填埋时，预处理技术和处置技术应符合 HJ 2042，焚烧污染控制应符合 GB 18484，填埋污染控制应符合 GB 18598。

11　人员防护

11.1　从事农药、兽药等农业生产资料包装废弃物收集和经营单位应定期对作业人员进行安全处置和回收利用操作技术培训。

11.2　有毒有害农业生产资料包装废弃物事故应急救援人员应定期接受相关管理部门或有资质机构进行有毒有害废弃物分类、回收、处置、利用及应急处理相关知识和技能培训。

11.3　有害农业生产资料包装废弃物的收集、运输、处置等过程中，作业人员应配备必要的个人防护装备，如防护手套、护目镜、防护服、防护面具或口罩等。

11.4　作业结束后，应及时清洗手、脸，有条件者宜淋浴，及时清洗、维修或更换防护设备。

12　信息管理

12.1　农业生产资料包装废弃物回收站（点）应建立回收利用电子台账，在单位内部转运、不同单位间转移应有记录，包括但不局限于农业生产资料包装废弃物的来源、名称、种类、形态、回收处置日期及数量、经办人员、去向等信息。

12.2　农业生产资料包装废弃物无害化处置和资源化利用单位应建立入库、出库和转运电子台账，包括但不局限于农业生产资料包装废弃物的来源、名称、种类、形态、入库日期及数量、出库日期及数量、回收处置方式及数量、交易情况、经办人员等信息。

12.3　农业生产资料包装废弃物电子台账资料宜设专人管理，记录应当完整、准确。

12.4　农业生产资料包装废弃物台账资料应至少保存 2 年，对于已有专项台账要求的农业生产资料包装废弃物，应执行其专项台账要求。

参 考 文 献

［1］GB/T 37680—2019 农业生产资料供应服务农资配送服务质量要求．

［2］中华人民共和国国务院令．《农药管理条例》（第 326 号），2017 年 2 月．

［3］第十三届全国人民代表大会常务委员会．《中华人民共和国固体废物污染环境防治法》，2020 年 4 月．

［4］第十三届全国人民代表大会常务委员会．《中华人民共和国固体废物污染环境防治法》，2018 年 8 月．

［5］中华人民共和国农业农村部，工业和信息化部，生态环境部，市场监管总局令．《农用薄膜管理办法》（第 4 号），2020 年 7 月．

［6］中华人民共和国农业农村部，生态环境部令．《农药包装废弃物回收处理管理办法》（第 6 号），2020 年 8 月．

［7］生态环境部，国家发展和改革委员会，公安部，交通运输部，国家卫生健康委员会令．《国家危险废物名录（2021 年版）》（第 15 号），2020 年 11 月．

［8］农业农村部办公厅．《关于肥料包装废弃物回收处理的指导意见》（农办农〔2020〕3 号），2020 年 1 月．